野鸟终结者

可卡犬

主编 王 晓 李朝中

陕 西 出 版 集 团
陕西科学技术出版社

图书在版编目(CIP)数据

可卡犬/王晓 李朝中主编.—西安:陕西科学技术出版社,2010.1

ISBN 978-7-5369-4700-9

Ⅰ.可… Ⅱ.王… Ⅲ.犬-驯养 Ⅳ.S829.2

中国版本图书馆CIP数据核字(2009)第168757号

内容简介

这本《可卡犬》单犬种全彩专辑汇集了各可卡犬俱乐部(协会)研究成果及资料文献，汇集了国内外著名专业犬舍的饲养管理实践经验,从可卡犬的起源发展、犬种标准、评审鉴别、毛色遗传、赛场展示、选购饲养、训练管理、选种繁育等方面进行了详细介绍,并配以大量高质量图片予以对照说明,知识专业,内容丰富,通俗易懂,极具实用性、科学性及欣赏性。

出版者	陕西出版集团 陕西科学技术出版社 西安北大街131号 邮编710003 电话(029)87211894 传真(029)87218236 http://www.snstp.com
发行者	陕西出版集团 陕西科学技术出版社 电话(029)87212206 87260001
印 刷	成都时时印务有限责任公司
规 格	880mm×1230mm 大32开本
印 张	4
字 数	115千字
版 次	2010年1月第1版 2010年1月第2次印刷
定 价	25.00元

野鸟终结者——

可卡犬

它生性聪慧、敏捷而又不知疲倦。在六百年前，它就被用来追赶山鹬、雉鸡，使之飞起，并可将水陆上的猎物运回。它，就是被封为“野鸟终结者”的可卡犬。

就算你没有养过狗，你也一定听说过它的大名。有人说它是天使——时而阳光快乐，时而深情款款；有人说它像魔鬼——会让你“痛不欲生”，当你可怜的花瓶在它跳跃中粉身碎骨时，你会瘫倒在一旁陷入无尽的绝望。这就是可卡犬。

无论如何，要了解一只可卡犬，你最好和它“厮守”一个月，如果经过这一个月的“折磨”和考验，你终于挺过来的话，那么你一定会爱上它。它永远旺盛的精力会让你自叹弗如，它永远开朗欢快的性格能驱散你心头的一切阴影。总之，哪里有可卡犬，哪里就有欢乐和笑声。

可卡犬带有西班牙血统，它分为美国可卡犬和英国可卡犬，美国可卡犬是在英国可卡犬的基础上培育而来的。这两种可卡犬除了外形略有些不同外，它们的习性没有什么太大的差别，它们都深受犬迷们的喜爱，特别是美国可卡犬，很多妇女和儿童都把它作为伴侣犬和玩赏犬来宠爱着。

美国可卡犬有着完美而壮实的圆头，前额平滑，口鼻部宽，颚部呈方形，鼻子呈黑色或褐色，耳朵则像长长的银丝垂下。尤其是那身无与伦比的被毛，有丝般的触感，平整或微呈波浪状，颜色多样，黑色、红色、猪肝色、柠檬黄或这些颜色混合并参杂白色，奔跑起来，将是一副绝美的风景。

而英国可卡犬,没有它的美国亲属那样袖珍。但不管怎样,由于血脉相连,它也具有善良的天性、敏锐的嗅觉,以及俏皮可爱的外形,同样是许多爱犬人士的首选。

可卡犬很热爱交际。当有亲戚朋友甚至陌生人到来时,它会第一个冲上前去,给对方“狠狠”的一吻。这种热情问候可能会让很多人难以接受。但大体而言,小家伙还是挺合作的,它那双聪慧美丽的大眼睛懂得察言观色,看在它不停摇动尾巴向你讨好的份上,你会很快忘记它的过错,并且喜欢上它!

现在,养宠物和减肥已成为两大时尚,而拥有一只可卡犬,你就能两全其美。晚上,关掉唧唧歪歪的肥皂剧,带着心爱的可卡犬到户外呼吸新鲜空气,跑跑步。沐浴在柔和清凉的晚风中,慢慢享受一天工作之后的悠闲自得,跑掉一身的浮躁与喧嚣,岂不是人生一大快事!

而对好动贪玩的可卡犬来说,跟主人跑步绝对是一大乐趣。并且它具有优秀的运动犬体型,每天都需要足够的运动量,只有充足的运动才能保持它的健康。

但是,恐怕很多人都知道,由于可卡犬生性顽皮、活泼好动,又长着一身长长厚厚的被毛,驯养和管理起来都不是一件容易的事情,想养出一只理想且优秀的可卡犬出来,主人必须要有“真本领”。

我们曾在几年前出版过一本关于可卡犬的书,为了感谢众多犬迷们的关注,现在推出这本更为全面的《可卡犬》专辑。这本专辑重点讲解了美国可卡犬的养育知识,而对于英国可卡犬,由于它与美国可卡犬的血缘实在太相近,书中也一并作了对比介绍。其目的就是要让更多的爱犬人士对可卡犬有一个全新的认识。

编者

CONTENTS 目录

第一章　可卡犬的起源与发展

长耳可卡犬的超级魅力 002

英国可卡犬的起源 004

美国可卡犬的起源 006

欧宝二世在美国可卡犬发展中的重要地位 008

文学作品中的可卡犬 010

第二章　可卡犬的犬种标准

美国可卡犬的犬种标准 014

整体外貌标准 014

身高、比例和结构标准 015

头部标准 015

颈部、背线和躯干标准 016

前躯标准 017

后躯标准 017

被毛标准 018

毛色和斑点标准 018

步态标准 019

性格标准 020

失格条件 020

英国可卡犬的犬种标准 021

整体外观标准 021

大小、比例和结构标准 022

头部标准 022

颈部标准 023

背线标准 023

躯干标准 023

尾巴标准 024

前躯标准 024

脚部标准 025

后躯标准 025

毛质标准 025
毛色标准 026
步态标准 026
性格要求 026

第三章 美国可卡犬的评审图鉴

体型评鉴 028
头部评鉴 029
被毛评鉴 030
毛质 030
毛色 030
动态评鉴 031
评分标准 032

第四章 可卡犬的毛色遗传

黑色可卡犬 034
浅黄色的可卡犬 036
巧克力颜色的可卡犬 039
双色可卡犬 046
杂色可卡犬 050
三色可卡犬 053
杂乱花纹的可卡犬 056

第五章 可卡犬的参展

犬展的种类 060
犬展分组方法 061

奖项评判方法 062
裁判审查方法 063
赛前犬只美容 063
赛前的准备 064
参展前的训练 065
行进中的定姿训练 065
桌上定姿训练 066
步伐训练 066
赛场展示技巧 067
定姿展示技巧 067
I 字形牵走技巧 068
三角形牵走技巧 069
圆形牵走技巧 070

第六章　可卡犬的日常管理

提供舒适的生活环境 072
有足够的活动场地 072
宽敞的犬舍 072
备好常用用具 072
可卡犬的四季管理 073
春季管理要点 073
夏季管理要点 074
秋季管理要点 075
冬季管理要点 076
可卡犬的饮食管理 077
狗食中的营养成分及作用 077
可卡犬的饮食标准 079
饲喂专用犬粮 081
可卡犬的日粮配制 082
适当补充维生素和矿物质 083
喂食方法与技巧 085
保持适宜的运动 086

第七章　可卡犬的修饰

坚持每天梳理 088
定期洗浴 089

保持眼睛洁净 090
注意耳道清洁 091
及时修剪趾甲 091
美国可卡犬被毛修剪 092
英国可卡犬被毛修剪 095

第八章 可卡犬的训练

随行训练 098
前来训练 098
站立训练 099
坐下训练 100
衔取训练 100
跳越栅栏架 102
通过栅栏群 102
穿越其他障碍训练 104
狩猎训练 104

第九章 可卡犬的繁殖

繁殖方法 108
近亲繁殖法 108
系统繁殖法 108
异系繁殖法 109
可卡犬的选种 110
选择血统相配的种犬 110
可卡犬的选种秘诀 110
发情 111
交配 112
交配适期 112
交配前的准备 112
妊娠 112
妊娠诊断 112
怀孕犬的特殊照顾 113
生产 114
产前准备 114
产前征兆 114
助产 115
助产的要领 115
人工助产 116

优秀犬只鉴赏 118

第一章

可卡犬的起源与发展

可卡犬分为美国可卡犬和英国可卡犬，它们分别起源于英国和美国，这两种可卡犬中，美国可卡犬更受人们欢迎。

长耳可卡犬的超级魅力

活泼可爱的可卡犬深受人们喜爱，它性情活泼、温柔，喜欢取悦主人，和陌生人或其他动物大多都能和平相处，尤其和孩童相处融洽。在欧美可卡犬因其独特的魅力而受到人们的追捧！

可卡犬善于察言观色。冬天它会窝在你的脚边，用茂密而柔和的被毛温暖你的脚，亦暖和着你的心；再看看它摇着尾巴的样子，更是让人怜爱。其一举一动、一颦一笑，无不显示它独一无二的魅力。

一对长耳是可卡犬的标志

它有着方正的形体，耳朵像长长的银丝般下垂，被毛长垂覆盖全身，有丝绸样的触感，静立时如高贵的夫人，微风一过，衣袂飘飘；奔跑时毛发飘逸灵动，超凡脱俗，宛若仙女下凡。

可卡犬尤其以它那双活灵活现的双眼闻名。那双独一无二的褐色或淡黄色、水汪汪的大眼睛，一直被人们称之为"美眸"。在以前英美作家很喜欢将那具有相同美眸的女人，反过来比喻为一个长着"史班尼（SPANIEL）眼睛的"女人；而在美国迪斯尼动画片《小姐与流氓》中的杏眼美女 LADY，用她那双美丽的大眼睛，不仅征服了流浪狗 TRAMP，也征服了观众。

可卡犬精力充沛，顽皮可爱。早期，长毛垂耳的可卡犬被认为野性难驯，在狩猎时，它的行径通常会吓跑猎物，使得猎人两手空空。有人半怜爱半讽刺的说："如果不是因为它们长得实在太可爱，大概早就没有人要了！"生性好动的可卡犬其实不太适合成天关在犬舍里。当你把它带到野地里玩耍时，它会异常兴奋，时而在你的前方飞奔，在你快要见不到它的影子时，在一声惊呼后，它又会一阵风似的跑回，在你不留神的一刹，猛的跳起，在你的脸上留下清晰的唇印。

虽然这种犬很调皮，会惹些麻烦，但可卡犬仍不失为一种优秀的猎犬。早在六百多年前，美国可卡犬的祖先在英国、法国就被训练来捕捉山鹬，由于它在高地草原和森林中的表现十分杰出，被封为“野鸟终结者”。可卡犬的嗅觉异常灵敏，超过一般犬类，有“嗅到地底”的独门绝活。有人这样形容：要比速度和眼力，没有狗比得过秃鹰；要比水上功夫，没有狗比得过水鸟；但在陆地上，那些被健步如飞的灵猩所漏掉的野兔，没有一只逃得过长毛垂耳猎犬的“通天鼻”。有人为了验证它的鼻子是否真的敏锐得不得了，曾在一个铜板上吐上口水，将铜板藏在花园的石头下，结果被灵巧的可卡犬两三下就嗅出了铜板的位置所在。

可卡犬也以它独特的魅力，赢得了众多名人的青睐。美国总统尼克松的爱犬“切客”，就是一只可卡犬。它在历史上的地位更是不容忽视。据说，当初竞选总统提名的尼克松被指责接受了加州支持者来路不明的

早期可卡犬被用来捕捉山鹬

捐款。尼克松作了一次动人的演讲，说他收到的支持者赠送的唯一礼物是一只小可卡犬——“切客”。他说他和家人实在是太喜欢这条狗了，无论如何他也不会把“切客”送回去。结果，尼克松保住了提名。许多美国人说：是小狗“切客”挽救了自己主人的政治命运。

英国可卡犬的起源

英国可卡犬的历史比美国可卡犬的历史古老得多，是已知的最古老的陆地猎犬之一。它来自于不同体形、类型、毛色和狩猎能力高度多样化的西班牙猎犬家族。

在 17 世纪以前，这一类犬无论其体形大小、身体长短、步伐快慢都被称为西班牙猎犬。这些大小不同的猎犬在狩猎方面的不同用途开始逐渐地引起了猎人的注意，体形较大的犬能很快激飞猎物，而小型的能用于猎丘鹬，于是就有了激飞猎犬（也称史宾格犬）和可卡犬或丘鹬猎犬的名称。1892 年英国养犬俱乐部终于承认它们是独立的两个品种。这个可卡猎犬就是英国可卡犬。

激飞猎犬和可卡犬在英国官方正式承认它们为独立品种前后一段时间，它们都是饲养在同一犬舍内的，体形大小的不同使它们各自成为独立品种，但它们具有同样的遗传性，同样的毛色，同样的狩猎技巧以及相同的外表。可卡犬和激飞猎犬是同时发展起来的。正是由于英国可卡犬天然含有激飞猎犬的遗传性，最终使它成为最精致的小猎犬。

英国可卡犬历史很古老

一些详尽的资料揭示在 19 世纪“可卡”的两

条发展路径，一条是由“田野犬或可卡犬”最终分支出萨塞克斯猎犬、田野小猎犬和被毛通常为黑色的可卡犬。另一条发展路径是 Marlborough 猎犬，这种犬头小而圆，鼻短，毛红白色，耳短，前脸长，体形稍大。Marlborough 猎犬在它们没有成为英国玩具猎犬之前，它与较小的田野猎犬的起源融为一体。

英国可卡犬标准在1936年时正式被采纳

美国的英国可卡犬俱乐部成立于 1935 年，以促进对英国可卡犬的兴趣。它已承认不同类型可卡犬，但不享有独立品种的权力。1936 年 5 月 12 日，在英国执行的英国可卡犬标准被采纳。

由于美国的英国可卡犬俱乐部阻止英国可卡犬和美国可卡犬之间的品种杂交，这使英国的可卡犬爱好者认为这对他们倡导的类型不利。各持己见者均被提供了展示英国可卡犬的机会。在一段时间内，英国可卡犬、美国可卡犬、英国可卡犬与美国可卡犬的杂交犬都同时出现在展示场上，混乱的局面影响了人们对这两个品种的兴趣，但是大家无能为力，因为没人能分辨它们。

在英国可卡犬俱乐部主席的提议下，人们开始追溯可卡犬从 1892 年起在英格兰、加拿大和美国的发展历史，对其进行了广泛的血统调查，以便能分离出没有美国可卡犬掺杂的纯种的英国可卡犬的培育路线。在 1941 年终于完成了这项工作，从这以后确立了英国可卡犬俱乐部对于这个品种的选择和品种的权威性地位。

后来，加拿大养犬俱乐部在 1940 年承认英国可卡犬为独立的品种，美国养犬俱乐部在 1946 年 9 月也承认英国可卡犬为独立的品种。

美国可卡犬的起源

美国可卡犬是由纯血统英国可卡猎犬在美国培育繁衍出的犬种。一种说法为17世纪欧洲移民涌入美国时，英国可卡猎犬也在美国落了户。另一种说法为它们是乘坐五月花1号轮来到美国定居的。可卡猎犬早先为捕猎鹌鹑的鸟猎犬，现在作为宠物犬、家犬而为人们熟知。

到1368年时就有了“西班尼”的提法，把它分为两类，即陆猎犬和水猎犬。陆猎犬又可按体形大小进一步分类，可卡犬和小型或玩具猎犬从大型犬中划分出来。然后，由于可卡犬和玩具犬不同的用途，它们又被再次划分，玩具犬最终成为英国玩具猎犬，它主要是作为宠物和伴侣犬，而可卡犬仍保留在猎犬中，这就是可卡犬为什么在猎犬家族中体形最小的原因。

美国可卡犬是由英国可卡犬繁衍而来的

美国可卡犬作为猎人有效的助手，最初有多种名字，像“可卡”、“鸟猎犬”，最后是可卡猎犬，其来历就起源于它能熟练地捕捉山鹬。

19世纪70年代后叶，可卡猎犬传入美国。之后经美国改良的可卡猎犬表现出有别于英国可卡犬的特点，在体形、大小和毛色上都与现在的英国可卡犬有所不同，因此被确认为单独的犬种——美国可卡猎犬。有一只犬我们必须记住，它的名字叫欧宝二世，因为它为美国可卡犬下了确切的定义，这个定义成为今天美国可卡犬的基本框架。欧宝是被一名叫法罗的先生喂养的，它在1879年6月14日生下欧宝王子二世。它因青出于蓝而胜于蓝而被记载下来。欧宝的标准尺寸如下：体重10千克，身高 25 厘米，鼻到耳长度 6 厘米，鼻到枕骨长度 18 厘米，鼻到尾尖长度 73 厘米。然而，拿 1882 年冠军的欧宝二世和 100 多年后的可卡犬相比，结果是令人惊奇的，今天典型美国可卡公犬重量将近 14 千克，身高在 37～39 厘米，这当然显示了我们的这种犬经历了相当大的变化。

美国可卡犬是很好的枪猎犬

1883年，可卡犬被分类并安排在英国参加犬展，直到 1892 年，它才作为独立品种被写入英格兰养犬俱乐部的犬血统记录册中。

1924 年可卡犬狩猎检测俱乐部对美国的可卡犬进行了狩猎测试，经过适当训练，它能成为有效的枪猎犬。通常的狩猎方法是在射击范围内让它搜索，惊起猎物后它应停下来或更好地采取坐姿以免干扰射击，射击后按命令捡拾猎物。当然，应当把犬训练得所有任务都始终在控制下完成，偶尔也可以从水中捡拾猎物，而且能敏捷地在水中进出。

作为有价值的猎犬，美国可卡犬所具有的许多特性、品质，使它成为家庭极其喜爱的伙伴。几乎就在它出现在犬展竞赛赛场的同时，它就成了流行品种。美国可卡犬精力充沛，经训练后动作灵敏，富有智慧和感情以及快乐无比。由于它不断地摇动尾巴所显示出无与伦比的可爱，使美丽的可卡犬在各国深受喜爱。

1979 年，美国出现了第一只正式注册的可卡犬，两年后，美国可卡犬俱乐部（Americal Spaniel Club）正式成立。

欧宝二世在美国可卡犬发展中的重要地位

美国养犬俱乐部（Americal Kennel Club）规定，在承认一只犬的正式血统之前，要查看它以上3代的注册号码，由于这项规定，美国可卡犬血统越来越纯，渐渐与英国可卡犬发展为两个不同的血统。

虽然在大西洋两岸都有可卡犬，并且不断进行交流，但两岸可卡犬的血统却是分离的。英国可卡犬在血统上与血达犬、激飞猎犬有混杂的现象，而美国可卡犬则不会出现这样的情况。

1892年，美国可卡犬被作为

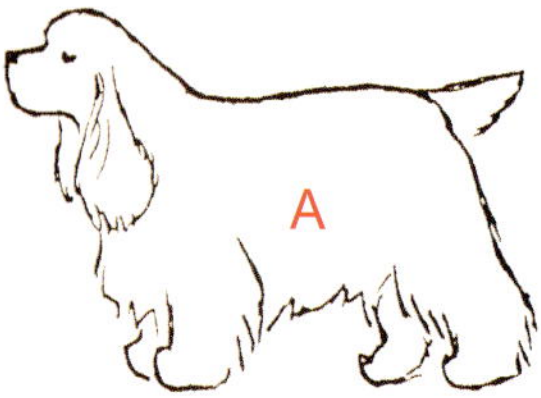

A 欧宝二世型的可卡犬腿短，身长，头部及嘴部中等大小，腿后方有毛。

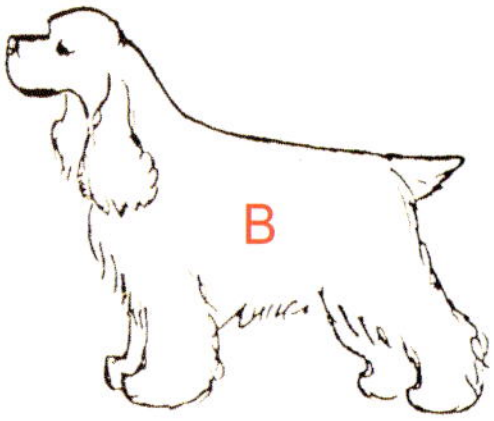

B 20世纪30年代制定了新标准，新标准中规定：嘴部较短，腿部较高，身体比以前结实，被毛与欧宝二世大致相同。

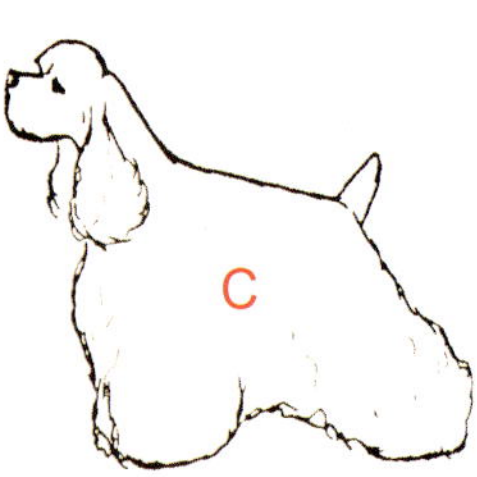

D 美国可卡犬专家在20世纪晚期预测的2000年美国可卡犬的标准体型。

C 20世纪40年代中期，犬展上出现了几只全身毛量丰富的可卡犬，它们在赛场上赢得了极高的评价，于是这一类型的可卡犬被大量繁殖，也就是我们今天所见到的美国可卡犬。这一类型的可卡犬颈部比以往的可卡犬高，嘴部短而宽，背线较斜，尾根较挺，身体和四肢覆有大量的毛。

独立品种写入英格兰养犬俱乐部的犬血统记录册中。

1882年在犬展上夺魁的Obo II(欧宝二世)是美国可卡犬历史上一只具有里程碑意义的犬,它特有的外貌和风格,对美国可卡犬的发展方向影响巨大。从1882年到1930年,它的体形影响了美国可卡犬体形标准半个世纪之久。Obo II的墓碑经ASC董事会理事的要求,作为Cocker Spaniel的纪念碑被保存在Rollinsford镇,成为该镇社会历史的一部分。

欧宝二世特有的外貌和风格,在赛场上引起人们的极大关注,所有的裁判都给了它极高的评价,长相类似欧宝二世的可卡犬开始走红。尽管当时一些人也对欧宝二世横加指责,比如嫌它的眼睛太圆,可眼睛圆恰恰成了今天美国可卡犬的标准之一。

1892年出生的黑色母犬Baby Ruth拥有漂亮的头部,它的血统影响了以后美国可卡犬的发展。

1904年出生的Mepal Iris是Baby Ruth的后代。它的照片在所有的ASC历史书上出现,它的一生赢得93项奖项,它虽然没能夺得过西敏寺的BIS,但是它有三只后代分别在1921、1940、1941、1954年获得西敏寺BIS。

文学作品中的可卡犬

可卡犬由于其独特的魅力，我们在很多文学作品中都能看到它们的身影，这其中就有一只叫做“敏捷”的美国可卡犬给我们留下了极为深刻的印象。

英国诗人伊丽沙白·白朗宁说她的爱犬——敏捷“爱我甚于阳光”。当罗勃·白朗宁在追求她时，敏捷也紧盯着罗勃不放，严密侦察他，它的出现使得伊丽莎白原来的独居日子有了戏剧性转变。

天才女作家弗吉妮雅·伍尔芙曾在她的书中给予伊丽莎白的爱犬生动的描述，是描写狗类故事中的佳作之一。她的短篇故事《敏捷》虽然不能说是句句属实，但多少显示出这只狗天性中一些细致层面。

自尊而敏感的可卡犬

基本上，文章写的是敏捷如何成为伊丽莎白的第二最爱，但是这只充满自尊的狗，却拒绝沦为第二。由于长久分享伊丽莎白的多愁善感，敏捷早已成为女主人的感性密友。

它可以知道别人看不懂的讯息。它可由伊丽莎白指尖的动作，知道她正在专心等一件事：邮差的敲门声，接着仆人用托盘将信带上楼。之前，她会轻轻地、温柔地拍着狗，突然地，手指收回，那就是仆人威尔森

上楼了。伊丽莎白接过信后，它就成为次要的了，而当伊丽莎白的手松开时，就完全遗忘了它。

敏感的可卡犬诅咒这对英国诗人的恋情，使得他俩的爱情谈得相当辛苦。当敏捷被用手挥开时，它的妒火中烧，一发不可收拾。为了赢回女主人的宠爱，它甚至诉诸暴力，两次咬伤掳获伊丽莎白寂寞芳心的罗勃。现在，罗勃是它的头号敌人。

敏捷想尽了办法，都无法打败它的情敌。后来它渐渐觉得，获胜是不可能的了，但是，它又如此地渴望从前那种吃着米布丁，享受着女主人温和的抚摸与亲吻的日子。于是它改变了自己的战略与心态：如果它的女主人可以被罗勃的爱给俘虏，它为什么不行呢？于是，它便试着去讨罗勃的欢心。它做到了。

就这么简单，问题轻而易举地解决了。

敏捷心中的猎犬本性使它拒绝相信自己会对猎物束手无策。当然，这一次，它的猎物是伊丽莎白的芳心。接受罗勃进入他们的生活，使它重新赢得了伊丽莎白的宠爱。最后，他们三个借爱而圆满地收场。

后来，在文明、安全和友情的围绕下，在一个毫无警告的春天，敏捷被人偷走了——除了白朗宁留下的回忆录和伍尔芙润饰过的小说可供参考外，我们对这只狗就一无所知了。的确，可卡犬的个性就是如此，敏捷也不例外。它喜欢和生人交际，或许在偷儿下手的时候，它正和他玩得起劲，连叫一声也没有呢！

BEST OF
VARIETY
NEW CHAMPION
GREATER
CLARK COUNTY
KENNEL CLUB
WINTER 1990
A MAJOR !

GROUP
THIRD
COOS
KENNEL CLUB
SUMMER 1989

第二章

可卡犬的犬种标准

美国可卡犬是从英国可卡犬中分化出来的，两者较为相似，它们现已分属两个不同的犬种，遵循不同的犬种标准。

美国可卡犬的犬种标准

整体外貌标准

美国可卡犬是运动犬组中最小的成员。它身体强健、结实、紧凑，并且轮廓分明，头部优雅，犬的整体有完美的平衡感和理想的尺寸。它直立时前腿笔直支撑肩部，背线略向肌肉发达的强健后躯倾斜。它既有相当的速度，又有很强的耐力。最重要的是，美国可卡犬是自由的、欢快的、华丽的，在运动中显示出很好的平衡，并且表现出很强的工作欲望。一只各部分有很好平衡的犬远比一只优点和缺点都非常显著的犬要可取。

身高、比例和结构标准

身高 美国可卡犬成年公犬的理想肩高是38.1厘米，成年母犬则为35.6厘米，允许在标准高度上下浮动2.5厘米，公犬身高超过39.4厘米或少于36.8厘米将取消参展资格。母犬身高超过36.8厘米将取消参展资格或少于34.3厘米将受处罚。身高的测量是从肩的肩胛骨到地面的垂直线的长度，测量时前腿自然站立，后腿放低以保证与测量线平行。

比例 身长（从胸骨到臀后部的距离）略大于身高。身体必须足够长，以保持直而自由的方步。

头部标准

头部符合比例，头部必须与身体其余部分相称，这体现在以下几个方面：

面部表情 面部表情充满智慧、警觉、柔和而有感染力。

眼睛 眼球圆形而丰满，向前直视，眼边使眼略呈杏仁形，眼不虚弱或瞪眼，虹膜为深褐色，一般颜色越深越好。

耳朵 耳呈小叶片状，长，细茸质，饰毛发达，位置不高于眼下部水平线。

颅部 颅部浑圆但不夸张，无平坦的趋势；眉毛清新，额鼻阶明显。眼下的骨质结构轮廓清晰而颊部不突出。

吻部 吻部宽而深，具有方形平齐的颌，由额鼻阶至鼻尖的距离为额鼻阶向上翘过头顶至颅基部距离的一半。

鼻子大,上唇丰满,剪状咬合

鼻子 鼻子大得足以使吻和颜面部平衡,鼻孔发达,为猎犬类型的鼻孔;毛色为黑色、黑色带黄褐色或黑色带白色个体的鼻子为黑色,其他毛色个体的鼻子可能为褐色、肝色或黑色,颜色越深的越好,鼻色与眼边颜色协调。

唇部 上唇丰满,深得可以覆盖下颌。

牙齿 牙齿强健而坚实,不太小,呈剪状咬合。

颈部、背线和躯干标准

颈部 颈应有足够的长度使犬的鼻子可以轻易地碰到地面,颈肌肉发达,咽喉以下的皮肤不能过分松弛下垂。颈强有力地伸起,并略呈拱形,逐渐与头部相接。

背线 沿强健的腰部微微倾斜。

躯干 胸部深,其最低点不高于肘部,其前部宽,使心和肺有足够的空间,但并不干扰前腿向前运动。肋骨深而扩张良好。背强壮。

尾巴 沿肩到断尾的尾根均匀而略向下倾斜。已截断的尾与背线相平或略高,但绝不像㹴那样竖立或低得表现出胆怯,行动时尾部运动轻快。

背线略倾斜

前躯标准

肩胛 肩胛向后仰，与上臂形成约 90° 角，使其前腿在运动中可以轻松地向前伸出。肩胛整齐而倾斜不突出，使肩最高点成一角度以便肋骨得以伸展。

前肢 从前腿垂直侧面观，肘部正好在肩胛最高点下方，掌节短而有力，前腿的狼爪可以切除。脚大而紧凑，圆形，有角质脚垫，既不向内翻也不向外展。

后躯标准

臀部 臀部宽，肌肉发达，后躯呈浑圆状。

后肢 行动或静止时后肢均平行，后肢的骨骼和肌肉强健，膝关节良好，强健。大腿整齐有力，在行动或站立时无滑动现象，飞节强健，接近地面，后腿的狼爪可以切除。

被毛标准

头部被毛 头部被毛短而细。

躯干部被毛 躯干部被毛长度适中，有足够厚的绒毛层。

耳、胸、腹部和腿的被毛 耳、胸、腹部和腿有良好的饰毛，但又不过多以至掩盖美国可卡犬的真正线条和运动，或影响其作为猎犬的外貌和功能。

缺陷 被毛过盛或卷曲或棉花状将视作缺陷。

尽可能保持被毛自然状态 被毛用电器修剪是不允许的。为体现真实的线条而进行的修整应该尽可能地呈现出自然状态。

毛色和斑点标准

黑色型 单一黑色，包括黑色带黄褐色点，黑色应乌黑发亮；被毛光泽中有褐色或肝色晕是不受欢迎的。允许在胸部或喉部有少量白色，其他任何部位出现白色将取消参展资格。

非黑色的任何单色型 从最淡的奶油色到最浓的红色，包括棕色或棕色带黄褐色点。被毛浓淡一致，但饰毛色较淡是允许的，允许胸部或喉部有少量白色，其他任何部位出现白色将取消参展资格。

杂色型 两种或更多界限分明而完全分裂的色斑，其中一种色斑必须为白色，如黑色带白色，红色带白色（红色可从最淡的奶油色到最浓的红色），棕色带白色。花毛色，也包括此种色型带褐色点。

褐色斑点 褐色斑点的位置最好与黑色型和非黑色的任何单色型

的模式相同，有色毛和白色混杂的花毛型被分为杂色型，可以是任何通常的花毛模式。主要色占 90% 或更多将取消参展资格。褐色斑点：褐色可以从最淡的奶油色到最浓的红色，应限于在个体毛色的 10% 或更少，褐色斑点超过此比例将取消参展资格。黑色型或非黑色单色型有褐色斑点时，斑点的位置如下：a.两眼下方各有一清晰的褐色斑。b.吻两侧和两颊。c.耳的下面。d.四脚和腿。e.尾下。f.胸部。可选择性，有无斑点均不受处罚。褐色斑点不易看清或数量太少也不符合标准。吻上为褐色向上延伸而汇合时也将扣分。黑色型或非黑色型的任何上述指定位置无褐色斑点而有其他褐色斑点的个体将取消参展资格。

丰富的毛色

步态标准

典型的猎犬步态　美国可卡犬虽然是最小的运动犬，仍具有典型的猎犬步态。

前后躯平衡　运动良好的前提是前躯和后躯的平衡。

后躯推动有力　后躯推动有力，而结合适当的肩部和前腿能够无拘束地大步前伸以平衡后躯的推动力。

步态轻松协调 步态协调、平衡而毫不费力。肩部和前腿构造合理，使犬可以自如地跨步向前。

性格标准

性情平稳而无羞怯的迹象。

失格条件

身高 公犬超过39.4厘米，母犬超过36.8厘米。

毛色和斑点 在前面提到的毛色或混合色是惟一可接受的，其他任何毛色或混合色均取消参展资格。

黑色型 非胸部和喉部的白色斑迹。

非黑色的任何单色型 非胸部和喉部的白色斑迹。

杂色型 主要色超过90%或更多。

褐色斑点型 褐色斑点超过10%；黑色型或非黑色单色型的任何指定位置无褐色斑点而有其他褐色斑点的个体。

英国可卡犬的犬种标准

整体外观标准

英国可卡犬结构紧凑，站姿良好，在站立和行动时都十分匀称，任何部分都不过分夸大。它精力旺盛，步态有力自如，既能不费力地搜索地面又能钻进稠密的灌丛以惊起和捡回猎物。它是活跃欢乐的猎犬，在野外工作时尾会不停地摆动。它的头部尤具特色。

结构紧凑，
整体匀称

大小、比例和结构标准

身高 公犬身高 40.6～43.0 厘米，母犬高 38.1～40.6 厘米。偏离此标准者不符合标准。

身长，腰短

体重 最理想的体重是公犬 12.70～15.42 千克，母犬 11.79～14.52 千克。但结构和骨骼比体重更重要。

比例 结构紧凑而短腰，体高略大于肩胛上缘至尾根的距离。

骨骼 是结实的犬，骨骼尽可能发达而不显得矮壮和粗糙。

头部标准

外貌强健而绝不粗糙，轮廓柔和而无锐角。整体看来，各部分结合产生本品种特有的表情。

表情 表情温和，高贵，机警和聪慧。

眼睛 眼中等大小，丰满而略呈椭圆形；眼距宽；眼睑紧密。瞬膜不明显，可能含色素或不含色素。眼深褐色，但是肝色和肝杂色个体眼允许为淡褐色，不过淡褐色越深越好。

耳朵 耳低位，紧贴头部；耳壳硕大，伸达鼻部，被毛长，丝状，笔直或略有波纹。

颅部 侧面观和前面观时，拱起而略显平坦。侧面观察，眉并不明显高于枕部。上面观，颅部两侧大致与吻两侧平行。额鼻阶清晰而适度，有轻微的沟。

吻部 吻与颅部等长；上唇厚而丰满，比颅部窄得多，与两眼位置一致；在眼下呈清晰凿状。颌强健，能啮动猎物。

鼻子 鼻孔宽以适应发达的嗅觉能力；黑色，除了肝色和肝杂色个体为褐色，红色和红杂色个体可能为褐色，但最好为黑色。唇方形，但不下垂或表现出明显的上唇下垂。

咬合 剪状咬合。钳状咬合是不受欢迎的。上超咬合（即“地包天”）或下超咬合（“天包地”）都将视为缺陷。

颈部标准

颈部优美而肌肉发达，向头部拱起并干净地与肩融合，颈下无下垂的松弛皮肤；长度适中并与犬的长和高相称。

背线标准

颈部背线融入肩部和背线成平滑曲线。背线向柔和浑圆的臀部略有倾斜，无塌腰或驼背。

躯干标准

结实而紧凑，给人以强有力的感觉而无沉重之感。

胸部 胸宽而深，但不妨碍前腿动作，也不窄到使前腿窄或紧缩。前

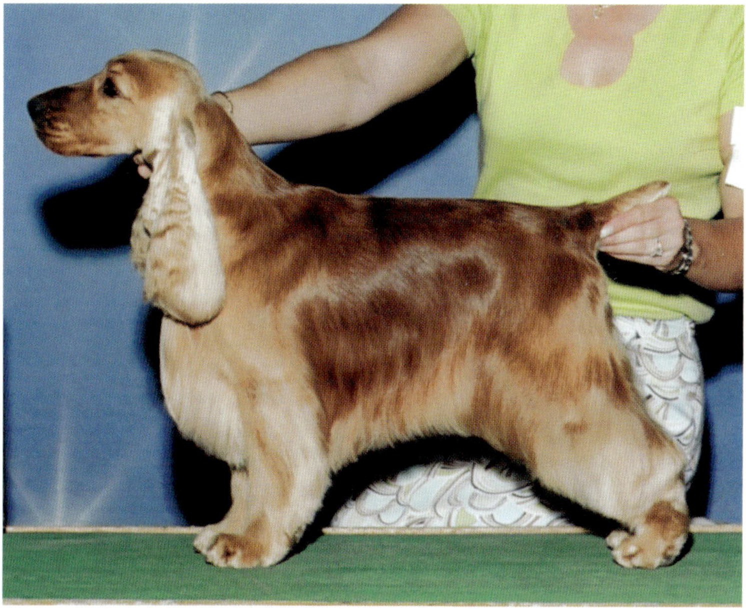

背线柔和，无塌陷

胸发达，后胸骨适度超过肩高点。胸廓达到肝部，并逐渐斜向适度收起的腹部。

肋骨 肋骨撑开良好并逐渐过渡至中躯，向背肋狭缩。

背部 背短而强健。腰短，宽而略拱起，但不明显影响背线。

臀部 臀部柔和浑圆，无凸出的倾向。

尾巴标准

断尾。尾根与臀部协调。理想状态下尾水平位，在行动时尾不停摆动。在兴奋条件下，尾稍高抬但不竖起。

前躯标准

英国可卡犬关节角度适中。肩胛斜位，平坦服帖。肩胛与上臂大约等长。上臂向后伸，与肩胛形成充分角度使犬自然站立时肘部位于肩胛最高点下方。前腿直；肘贴近躯干；腕节接近笔直，有一定灵活性。

脚部标准

大小与腿成比例，结实，圆形，猫型脚；趾拱起和紧缩；脚垫厚。

后躯标准

角度适中，最重要的是与前躯相称。臀部相对宽而圆。大腿宽、粗而且肌肉发达，能提供充分的推动力。小腿肌肉发达，约与大腿等长。膝强健而且弯曲良好。飞节至脚垫短。后脚与前脚相同。

毛质标准

头部被毛短而细；躯干部毛中等长；平直或稍有波纹；质地丝状。允许修剪，剪去过于丰盛的毛以显示犬的真实线条。修剪时应尽可能自然。

被毛中等长度，质地如丝

毛色标准

毛色多样。杂色型或是清晰斑块或是杂花色，白色与黑色、肝色或浓淡不同的红色相结合。在杂色型中单色斑块最好多少呈均匀分布；允许无斑块。单色型为黑色、肝色或浓淡不同的红色。单色个体具有白色脚是不受欢迎的；喉部有少量白色是允许的，但这种白色无论如何勿使犬成为杂色犬。褐色斑，界限分明而色泽鲜艳，可能与黑色、肝色以及结合那些毛色的杂合一同出现。黑色带褐斑以及肝色带褐斑被认为是单色。

步态标准

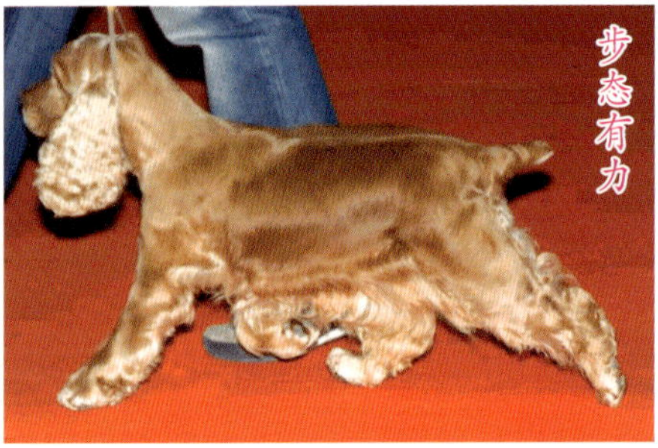

英国可卡犬步态推力大，以能够在植被稠密的陆地狩猎，步态的力量胜于速度。它搜索应毫不费力，按其关节角度向前后延伸。在竞赛场中它昂首并能在行动和站立检查时保持同样的背线。来去均走直线，不偏斜，不摇摆；前腿间和后腿间宽度与其体格和步态相适合。

性格要求

英国可卡犬欢乐而热情，性格平稳，既不迟钝又不过度活跃，而是心甘情愿的工作犬和忠诚可爱的伴侣犬。

第三章

美国可卡犬的评审图鉴

根据犬种标准，在赛场上从不同角度对犬只进行综合评价，判断其优劣。

体型评鉴

体型是犬种标准的重要内容，是评价一只犬品质优劣的重要依据。体型是犬骨骼、肌肉发育的综合体现，也是能否正确运动的决定因素，更是决定该犬是否符合该犬种功能的重要条件。

身高　公犬 38 厘米，母犬 35.5 厘米。当犬身高超过标准身高的 1.27 厘米为不合格，低于标准 1.27 厘米虽然合格，但是属于次级。

颈部　颈部肌肉结实，并且颈部必须足够长，使犬的鼻子能够轻松地触及地面。

肩膀　强壮有力，曲线优美，支撑着头颈。肩部与前臂形成的角度为 90°，只有这样美国可卡犬在奔跑时才能轻松地摆动前腿，轻快有力。

躯干　短，只有身体短的可卡犬才能给人一种有力量的感觉。标准的美国可卡犬的身高比身长多 15% 或 5 厘米。背部必须强壮，背线从肩膀到尾根部平缓而略向下倾斜。前胸宽阔，以使心肺有足够的空

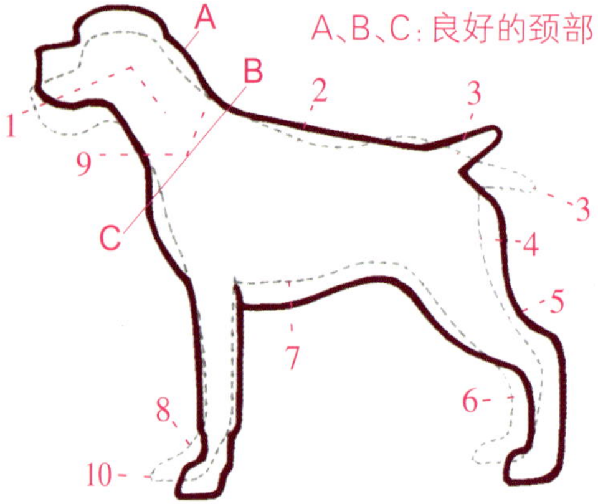

1：颈部太短　　2：背部倾斜
3：尾巴位置低　　4、5、6：后腿发育不良
7：胸部太浅
8：前爪位置异常（影响前肢力量）
9：直肩　　10：平足（支撑力量弱）

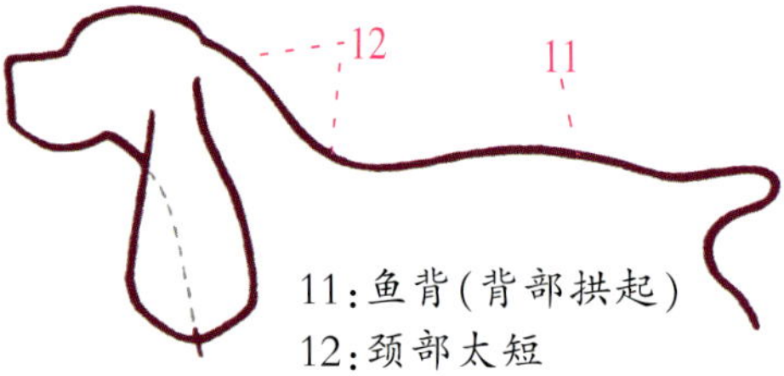

11：鱼背（背部拱起）
12：颈部太短

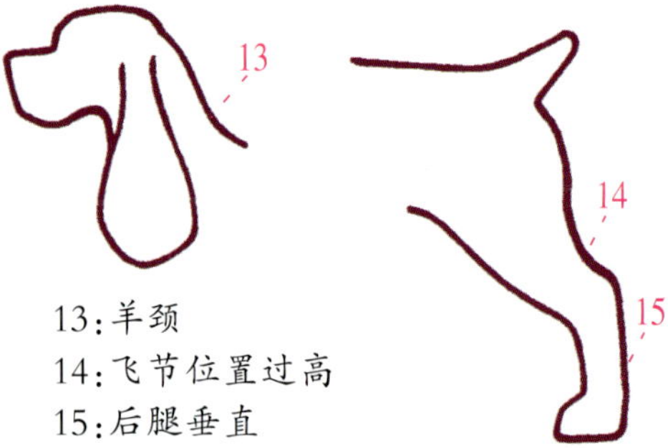

13：羊颈
14：飞节位置过高
15：后腿垂直

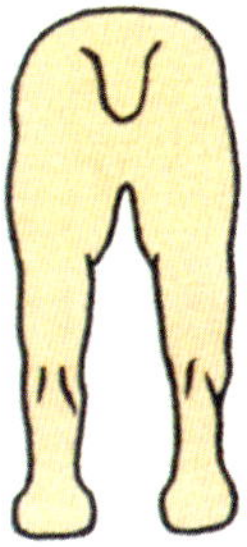

正确的站姿(后视)：后腿强壮有力，平行

正确的站姿(正面)：前腿平行直挺

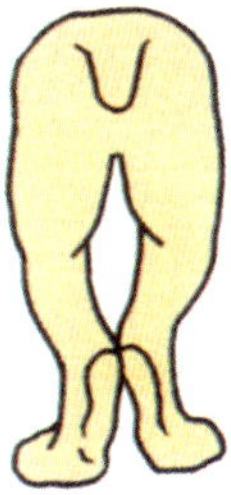

错误的站姿：牛步靠

错误的站姿：O形腿

错误的站姿：前肢分得过宽

错误的站姿：X形腿

间。肋骨深且间隔适当。美国可卡犬的整体外貌永远不会给人一种太长或太矮的感觉。

尾巴 尾巴和背部曲线相连，不会有曲线中断或突然凸起的感觉。尾端可以稍微上扬，但绝不能像猎狐㹴那样垂直竖起，也不能下垂给人一种胆怯的感觉。当美国可卡犬大量运动的时候，尾巴会欢快地摆动。

四肢 骨骼强健有力，肌肉结实丰满，与身体紧密结合。两条前腿必须平行直挺，从侧面看，前腿垂直，腕关节在肩胛骨顶点位置的正下方。后腿要求强壮有力，无论在站立还是运动中，两条后腿必须始终平行。

头部评鉴

头部形状的好坏直接影响着美国可卡犬的品质，下图是一只标准的美国可卡犬的头部特写。它的头盖骨圆，眼距很宽，鼻子大小适中，口鼻

正确的公犬头部

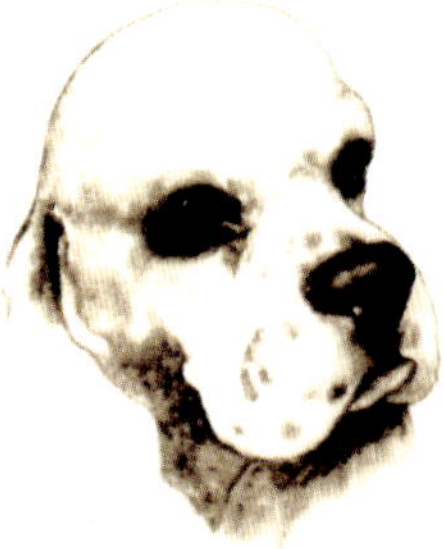

正确的母犬头部

错误的头部：眼睛过小，脸部过窄。嘴唇薄，靠近耳朵的部分垂吊着。

错误的头部：眼睛圆，鼻口窄小而头骨宽大。

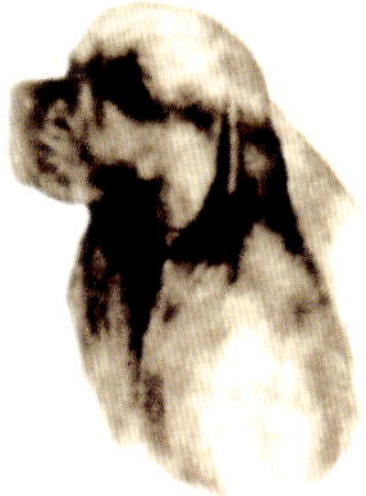

错误的头部：额头扁平，颈部僵直，缺乏弧度。

宽阔，下颚强壮有力，是一只非常理想的公犬。

被毛评鉴

◆毛质

头部的毛要短而细，身上的毛中等长度。耳朵、胸部、腹部和腿部的毛必须完整覆盖。毛不能过长，否则会遮盖身体原有的曲线，同时也给犬运动带来不便，丧失了运动的特性。毛质是非常重要的一点，优良的毛质应该如丝般柔顺光滑，微微带有波浪状，容易梳理。卷成棉条状的毛是不合格的。

◆毛色

美国可卡犬的毛色分为单色和混色系列两大类。

单色系列 单色系列的美国可卡犬，全身的毛色以一种颜色为主（90%以上），除了胸口和喉头部位外，不允许出现白色。

黑褐色也属于单色系列。黑色的皮毛上有明显的褐色毛，褐色毛的深浅不一，可以从淡褐到红褐色。褐色部分一定要小于整体面积的10%，并且集中生长，如果褐色毛杂乱无章地隐藏在全身的黑色毛中则是不合格的。

混色系列 两种或多种不同颜色明显地分布在身上，其中主色部分小于90%的毛色类型属于混色系列。混有灰色或白色的黄棕色犬是很常见的，如果在这种犬的双眼周围、口鼻和双颊、耳背、大腿或小腿、尾巴下面和胸口出现黑褐色毛，则是毛色最佳的犬了。

动态评鉴

美国可卡犬属于枪猎犬，它生性敏锐活泼，是最受欢迎的运动犬种，因此，运动能力对于美国可卡犬来说至关重要。犬的运动姿态是其自身

错误的步态：跑姿僵硬

正确的步态：步态优美

错误的奔跑姿势：
像牛一样

正确的奔跑姿势（背面）

错误的奔跑姿势：
双脚步距太窄

正确的奔跑姿势（正面）

体格结构的反应，通过犬的运动姿态可以看出犬的速度、耐力、协调性等一系列重要的运动能力指标。

美国可卡犬奔跑起来的姿势如行云流水，非常优美。一只跑姿标准的美国可卡犬在小步跑的时候，浅前肩（骨）和后大腿（股骨）摆动自然协调，肩膀、肘关节、后大腿、踝关节配合得当，给人一种轻快、洒脱的感觉。

跑姿僵硬的美国可卡犬，其前肩和后大腿的配合动作不是那么流畅，脚踝角度也不对，因此整体的平衡性很差，给人的感觉是僵硬的，好像被钉子钉住一般。很多犬的后腿动作正常，但前腿僵直生硬，结果导致后腿压迫前腿，使犬的步幅变小，奔跑同样的距离要比正常犬步数多，从而影响犬的速度和耐力。

评分标准

评审项目	分 值
性格	10分
头部	20分
颈	5分
体格	15分
前后躯	15分
尾	5分
被毛毛色	15分
步态	15分
合 计	100 分

第四章

可卡犬的毛色遗传

颜色遗传基因具有很大的魅力，掌握其遗传规律，便能培育出毛色纷呈的可卡犬。

黑色可卡犬

人们经常说，只有良种犬才是一种颜色的，这种观点也被多数养犬者认同。某些生理特征才能搭配某种颜色，或者才能与某些颜色结合在一起。但是今天的繁育方式使三种不同颜色的可卡犬的颜色逐渐淡化，造成了不同犬只逐渐趋同。50年前，大多数人认为黑色的可卡犬优于其他颜色的可卡犬。

黑色可卡犬和其他颜色的可卡犬相比，最大不同之处就是被毛，因为只有少数黑棕色犬才有较好的被毛。然而，如果那些浅黄色的或杂色的可卡犬，有一身很厚实的被毛，算是很罕见的。所以说，被毛是黑色可卡犬的显著生理特征。

其实，黑色可卡犬也有其他优良的特征，像扁平而粗壮的骨架，完美的头部曲线，精悍的脊梁、平滑的肌肉（而且不同的肌肉之间是交错排列的），还有较好的挖掘能力等。所有这些阐明了一个事实，在黑色与其令人羡慕的形态结构之间，存在一种颜色的有机结合（或由于这些基因是处在同一条染色体上的，故这些特征会倾向于这种结合）。

黑色的幼犬生于其父母，除了被毛仍是黑色之外，还继承了黑种犬的特征。而其他颜色的可卡犬所繁殖的幼犬就不是这样。这是被实践多次证明了的。

有些人为了拥有和黑色可卡犬一样被毛的可卡犬，就让许多皮毛稀疏的浅黄色的或杂色犬与黑色可卡犬交配。从生出的许多窝小犬来看，只有黑色可卡犬的后代拥有黑色特征的被毛，这点是在可卡犬种颜色培育的过程中必须强调的关键部分；这也是本章节论述的中心。从表面看，由于淡化基因的注入，某些黑色可卡犬也可能把黑色品种的特征遗传给携带有隐性颜色基因的后代。

由于黑色可卡犬与其他所有颜色的可卡犬一样，存在许多类型的基因。（这些类型的基因总的说来，一方面决定了其后代的表现类型，另一方面又决定了其他表面的颜色或其他的特征。）有些时候，表面颜色还不能说明所有的问题，还有必要做繁育测试，或者找出以前数代可卡犬家族的真实的谱系图。

长久以来，多数养犬的人都认为可卡犬的颜色，只有显性黑色、隐性黑色、棕黄色以及浅黄色。其实这些估计是不完全正确的。下面，我们将揭示不同可卡犬的颜色重新组合。虽然有很多颜色是可以重新搭配的，但是它们不是总会被喂养者接受。下图中显示了可卡犬的九个主要品种，你可以注意到，只是黑色可卡犬就有完全不同的四种类型，品种 2 即为黑色可卡犬，阐述了浅黑色可卡犬的形成过程。其实，浅黑色可卡犬和那些含有黑色的浅黄色可卡犬的黑色基因是一样的，不同的是，浅黑色可卡犬缺少将黑颜色扩充到全身的被毛里去的能力。

其实仅靠外表是没办法区分这四类黑色可卡犬的。有些情况要进行实实在在的品种测试，了解到具体的家族谱系图才能指出它们的不同。

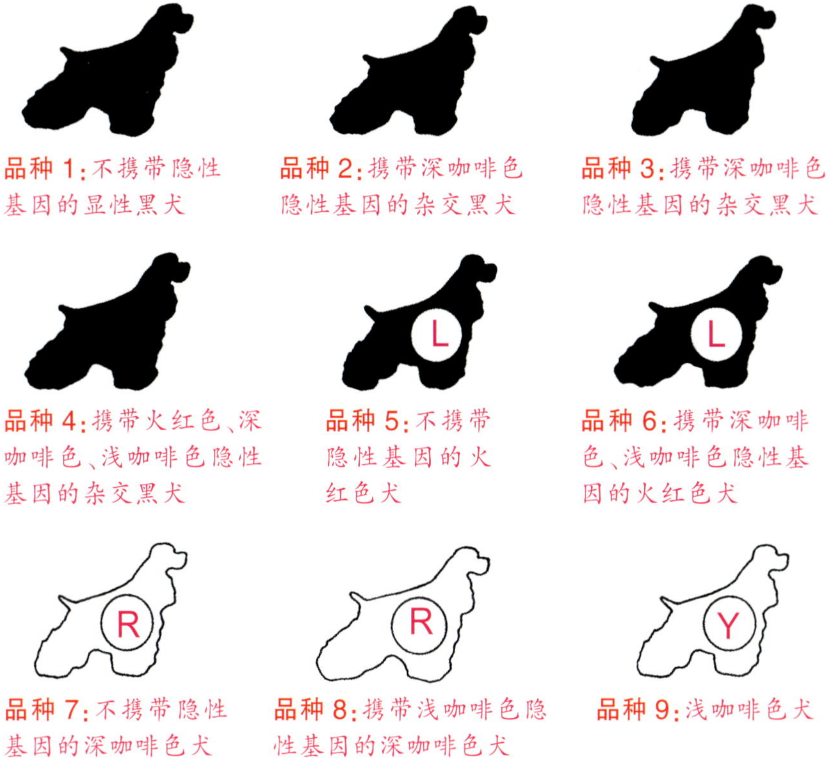

图 1　毛色稳定的可卡犬的品种体系

任何两只可卡犬繁育出后代类型的比例都是有一定规律的。所以今天大部分的黑色可卡犬是属于品种 2、品种 3，甚至是品种 4 的，真正的纯显性黑色可卡犬反而极少见了，原因是许多喂养者渴望得到许多不同颜色的可卡犬，从来就没有想过，让真正显性黑色犬永远保持它们自己的黑色特征。自然，当真正显性黑色可卡犬与其他颜色的可卡犬交配，生出纯黑色的可卡犬是很少的。

浅黄色的可卡犬

浅黄色的可卡犬与其他任何种类的犬相比，它们的色调较多。我们现有的术语又含混不清，不仅是喂养者，就是遗传基因方面的专家，也难以描述什么是浅黄色。像金色、金黄色、红色、深黑浅黄色、银白色等所有这些颜色，都用来描绘过浅黄色的可卡犬。我们可以从同一视角看到：自最亮的乳酪白到最深的红颜色都是黑棕褐色可卡犬最好的描述，那些颜色的光谱线在浅黄的颜色中都能找到。

虽然颜色表现类型有许多，不过从基因遗传理论看，浅黄色仅有三种类型。其中两种可以描述成深咖啡色犬，另一种可以叫浅咖啡色犬。

因为某只犬所生的浅黄颜色与其他浅黄颜色差别不是很大，所以深咖啡色犬只有通过繁衍测试，才能辨别。其中之一，品种 7 深咖啡色犬，无论它与何种颜色的可卡犬交配，它都不会丢掉火红的颜色。但是这种犬又没有携带有火红的基因，它会在下面一节关于巧克力色的可卡犬（见图 2）中进一步被提到。品种 7 可卡犬具有的黑色也叫浅黑色，事实上，它就是那种缺乏拓展因素（这因素就是使黑色素拓展到全身的能力）的黑色可卡犬。它的鼻子、爪子和被毛通常点缀蓝黑色或者蓝黑色斑点，只是淡黑素使浅黄色的可卡犬发生了巨大的变化。由于遗传基因的交叉（正如下一段解释到的），这种黑色素能将黑色特征传给其他所有颜色的可卡犬。在遗传基因的交叉发生之前，这种现象是不可能的。品种 7 深咖啡色犬，由于缺少黑色拓展因素，而又被叫做深咖啡色可卡犬，总的说来，这种犬在类型上与黑色的可卡犬是一致的，缺的只是被毛的光泽。现在这方面是最重要的。因为稀释的基因是不可能通过喂养品种 7 深咖啡色犬来获得深红的和巧克力颜色的可卡犬。

由于事物是普遍联系的，因此某些形体的变化通常也是相联系的。根据孟德尔遗传学的规律：在同一对染色体上，而不是在其他的染色体上，任何身体特征都能被遗传。有决定因素（或在不同染色体上的基因）的特征在传播中相互独立。但是根据偶然性的规律，所有基因结合是可能的，就像投骰子一样，可能出现不同的数字组合。

当两种类型的基因都处在同一染色体上时，只要染色体保持完整，就算两种基因并立在一起都会产生联系。

据知：染色体有时是成对紧密地结合在一起。在某一阶段，有时同对染色体的每个染色体又会发生分裂，如果能够使某一种一条染色体上半部附在配对的另一条染色体的下半部，那么分裂的染色体就重新结合，另外部分的染色体亦然，基因的重组就在新细胞里产生了。这个产生新细胞的现象就被称作“基因交叉”或“基因的交换”。见后边的图 3。

使用统计方法来研究基因交换是可能的。据悉：对于同质基因，基因交换的现象确实是按一定的百分比发生的。独立基因此比处在一个同一的染色体的不同基因有更多交换的可能性，只是它们可能是通过一个积累方式作用在一起。

第二种深咖啡色犬是我们知道的品种 8 可卡犬。而品种 7 代表的犬显得偏黄色、柠檬色或是奶酪的颜色。品种 8 可卡犬的颜色介于淡黄与深红之间。品种 8 可卡犬可用来培育巧克力颜色和深红颜色的可卡犬。

最后，还有浅咖啡色可卡犬，或者是品种 9 可卡犬。品种 7 浅黄的可卡犬并不是真的浅黄色的可卡犬，而是巧克力色的可卡犬，只是缺乏能力将颜色拓展到全身的被毛。因此除了皮毛和脚掌上肉垫的黑色花纹，这种浅黄色的可卡犬也有巧克力颜色的花纹。当浅咖啡色的可卡犬与巧克力颜色的可卡犬交配时，它们就只能生出巧克力颜色的可卡犬；当它与品种 6 的巧克力颜色可卡犬交配时，它会有 50%的机会生出巧克力颜色的可卡犬。这三种浅黄颜色的可卡犬，它们的外表看起来很像，但总的说来是不同的。

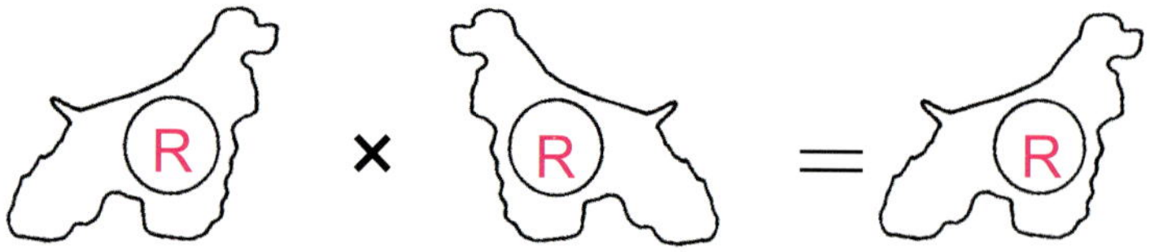

品种7：两条深咖啡色犬相配生出100%的深咖啡色犬

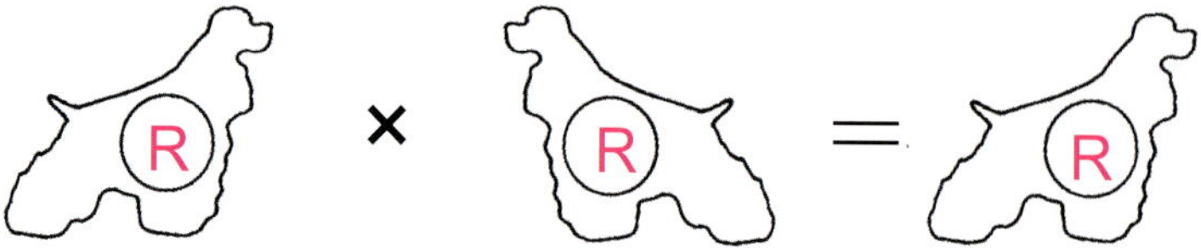

品种7：深咖啡色犬配携带有浅咖啡色隐性基因的深咖啡色犬，生出100%的深咖啡色犬

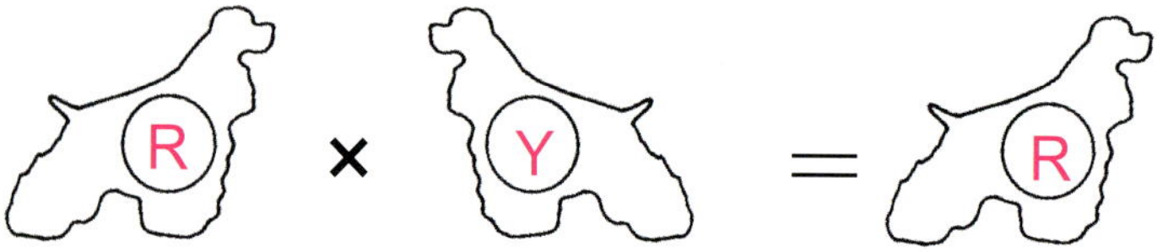

品种7：深咖啡色犬配浅咖啡色犬(品种9)，生出100%的深咖啡色犬

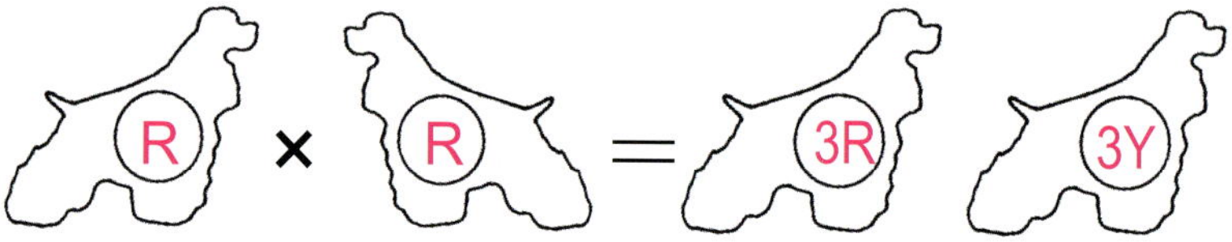

品种8：携带有浅咖啡色隐性基因的深咖啡色犬与携带有浅咖啡色隐性基因的黑犬(品种8)相配，生出深咖啡色犬、浅咖啡色犬各占50%

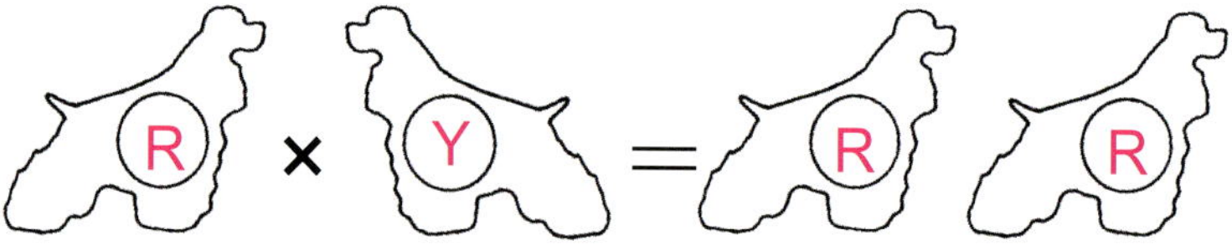

品种8：携带有浅咖啡色隐性基因的深咖啡色犬与浅咖啡色犬(品种9)相配，生出深咖啡色、浅咖啡色犬各占50%

品种9：两条浅咖啡色犬生出100%的浅咖啡色犬

图2 浅黄色犬

a.两条染色体并肩排列

b.两条染色体交织在一起

c.染色体断裂后又交叉组合

d.各个几何图形代表一种基因,两条染色体上相同形状的基因处在相同位置。同形状代表同形体,不同形状代表异形体,可注意到在裂口相邻的异性体间接没受到影响,而在断口前的异形体和其他基因连接就不同了,在两条染色体的第一个地方的特征相同,它们重组对连接没有影响。

图 3 基因交叉

巧克力颜色的可卡犬

早些时候,火红色和巧克力色的可卡犬在可卡犬中就很知名了。只是早期的喂养者,不能得到黑眼睛和黑鼻子的、被毛逗人爱的可卡犬,不能预见以后的巧克力颜色的可卡犬会再生出什么样的可卡犬幼仔,所以就放弃了对巧克力色的可卡犬的培育。

今天,通过巨大努力,经过对众多颜色可卡犬进行多次试验,才成功获得了有固定颜色的风流倜傥的巧克力颜色的可卡犬。

由于浅黄的可卡犬,不只有一种巧克力颜色的可卡犬,图 4–1 显示了品种 5 巧克力可卡犬和品种 6 可卡犬交配结果。两只品种 5 的可卡犬交配的时候,他们仅能生出巧克力颜色的可卡犬。如果品种 5 可卡犬与品种 6 可卡犬交配时,还是仅能生出巧克力颜色的可卡犬。然而,如果品种 6 和品种 6 可卡犬交配,预计生产巧克力颜色的可卡犬和浅咖啡色鼻子的棕红色可卡犬的比例是 3:1。

当浅黄色的可卡犬之间进行交配的时候,不管它们的遗传基因的类型怎样,它们都不能生出巧克力颜色的可卡犬。即使是品种 9 浅咖啡色的可卡犬(就是据说是没有拓展能力,不能把巧克力颜色遍及全身皮毛的犬）与另一种浅咖啡色可卡犬交配时，也仅能生产出浅咖啡色可卡犬。那么，显然在颜色等级体系中，纯显性黑色的排第一，其次是巧克力颜色，然后才是浅黄色或红色。

巧克力色的可卡犬有长着长毛的，或没有长毛的，有点像黑色的可卡犬，只是它的毛皮的质地更加柔软，更加卷曲。从这可以断定，卷毛的可卡犬可能是显性的。但最重要的是记住，巧克力颜色可卡犬的亮鼻子和亮眼睛比黑色的可卡犬更突出得多。

关于这点，在后面再进一步讨论。图 5–1 显示了：作为隐性基因决定的颜色会被它前面相对显性基因决定的颜色覆盖。只有一种杂交的黑色可卡犬，才能带有巧克力颜色，而且在任何时候，都能生出有巧克力颜色的黑色可卡犬。杂交的黑色可卡犬，也可以携带隐性颜色基因，像浅黄色或红色，还有黑棕褐色，杂颜色。这种可卡犬也值得珍惜。

图 5–2 至图 5–5 描绘了在稳定颜色培育过程中，颜色是怎么结合的。

品种 5：不携带隐性基因的火红色犬相配，生出 100%的火红色犬

品种 5：不携带隐性基因的火红色犬与携带深咖啡色犬及浅咖啡色的隐性基因的火红色犬（品种 6）相配，生出 100%的火红色犬

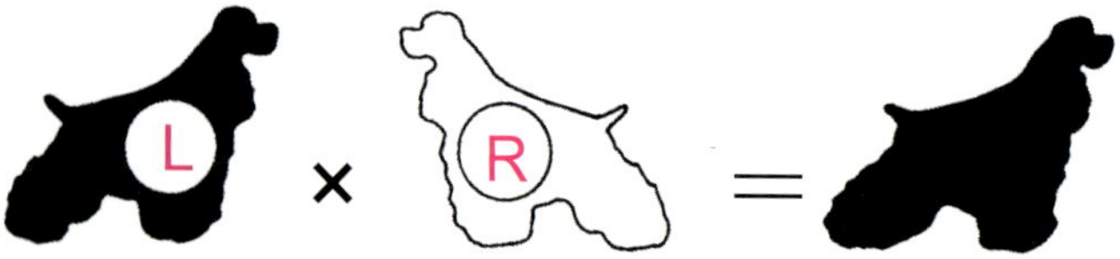

品种 5：不携带隐性基因的火红色犬与深咖啡色犬（品种 7）相配，生出 100%的黑犬

图 4–1 火红色犬（巧克力色犬）

品种 5：不携带隐性基因与携带浅咖啡色隐性基因的深咖啡色犬（品种8)相配，生出黑犬与火红色犬各占 50%

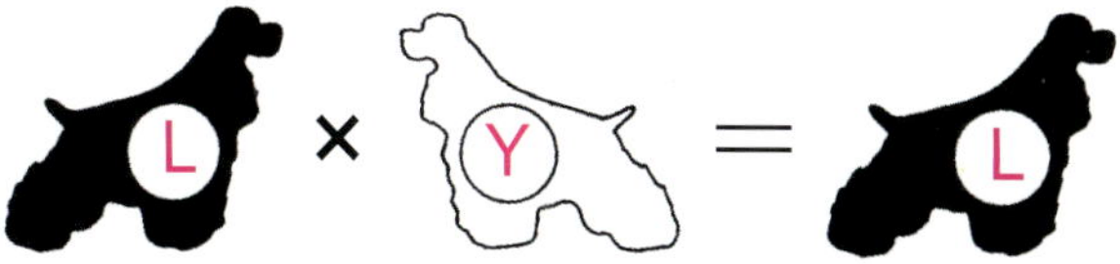

品种 5：火红色犬与浅啡色犬(品种 9)相配，生出 100%的火红色犬

品种 6：两只都携带深咖啡色隐性基因的火红色犬(品种 6)相配，有可能生出 75%的火红色犬，也有可能生出 25%的浅咖啡色犬

品种 6：携带隐性棕鼻基因的火红色犬与携带隐性棕鼻基因的深咖啡色犬(品种 8)相配，生出黑色、火红色、深咖啡色、浅咖啡色犬的比例各占 25%

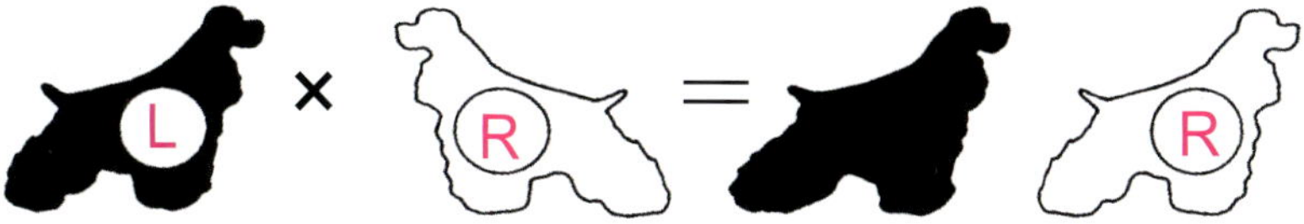

品种 6：携带浅黄色隐性基因的火红色犬与深咖啡色犬(品种 7)相配，生出黑犬与深咖啡色犬的比例各占 50%

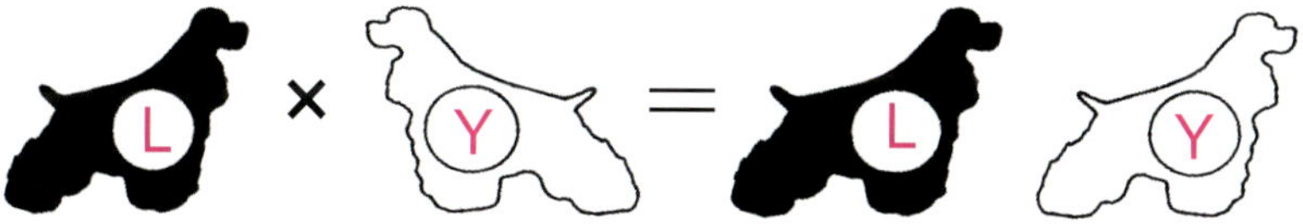

品种 6：携带浅咖啡色隐性基因的火红色犬与浅咖啡色犬(品种 9)相配，生出红色犬与浅咖啡色犬的比例各占 50%

图 4-2 火红色犬(巧克力色犬)

显性黑犬与任何颜色犬相配，只能生出纯黑犬

两只杂交黑犬(品种 2)它们都有一只深黄色的父母，生出黑犬的比例是75%，生出浅黄、深咖啡色犬的比例是 25%

有一只浅黄(或深咖啡色)双亲的杂交黑犬与另一只火红色双亲同时不携带浅黄色隐性基因的杂交黑犬相配，生出 100%黑犬

一只浅黄(或深咖啡色)双亲的杂交黑犬与另一只有一个浅黄(或浅咖啡色)的双亲相配，生出黑犬的比例是 75%，生出浅黄、浅咖啡色比例是 25%

携带深咖啡色隐性基因的杂交黑犬与不携带浅黄基因的火红色犬 (品种 5)交配，生出 100%的黑犬

图 5-1 黑犬

携带深咖啡色隐性基因的杂交黑犬与携带浅黄基因浅咖啡色犬的火红色犬(品种6)交配，生出黑犬比例是75%，生出浅黄色(深咖啡色)比例是25%

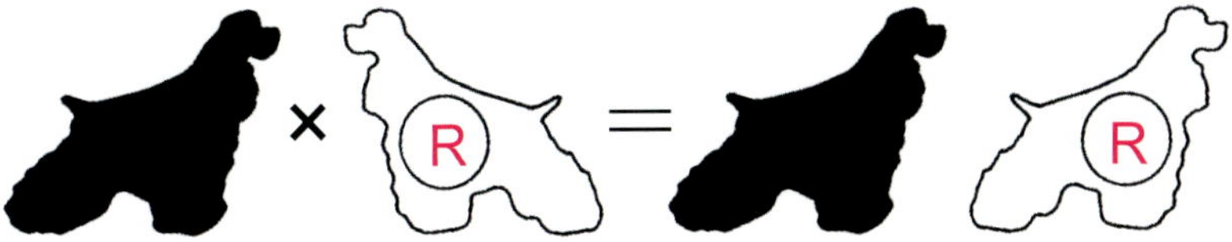

携带深咖啡色隐性基因的杂交黑犬与携带深咖啡色犬基因的浅黄色犬(品种7)交配，生出黑犬的比例是50%，生出浅黄色(深咖啡色)犬的比例是50%

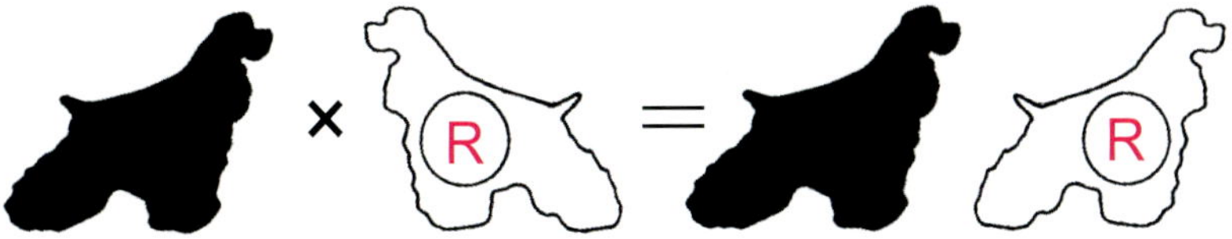

携带深咖啡色隐性基因的杂交黑犬与另一只棕鼻双色的浅黄色犬(品种8)交配，生出黑犬与深咖啡色犬的比例各占50%

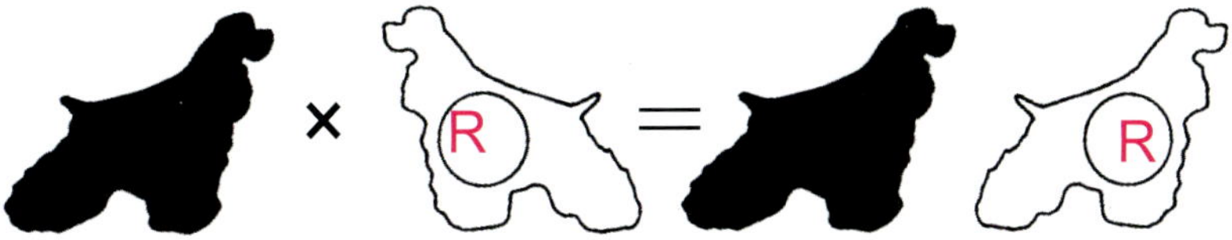

携带深咖啡色隐性基因的杂交黑犬与浅咖啡色犬(品种9)交配，生出黑犬与深咖啡色)犬的比例各占50%

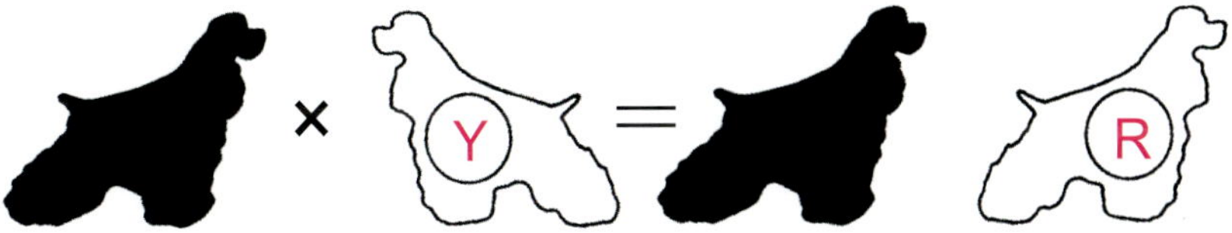

一只深咖啡色双亲的杂黑犬与浅咖啡色犬(品种9)交配，生出黑犬与深咖啡色犬的比例各占50%

图 5-2 黑犬

携带火红色隐性基因的杂交黑犬相交配，生出黑犬的比例是 75%，生出火红色犬(巧克力色)的比例是 25%

携带火红色隐性基因的杂交黑犬与携带火红和棕鼻隐性基因的黑犬(品种 4)交配，生出黑犬比例是 75%，火红色犬(巧克力色)的比例是 25%

携带火红色隐性基因的杂交黑犬与不携带浅黄色隐性基因的火红色犬(品种 5)交配，生出黑犬与火红色(巧克力色)的犬的比例各占 50%

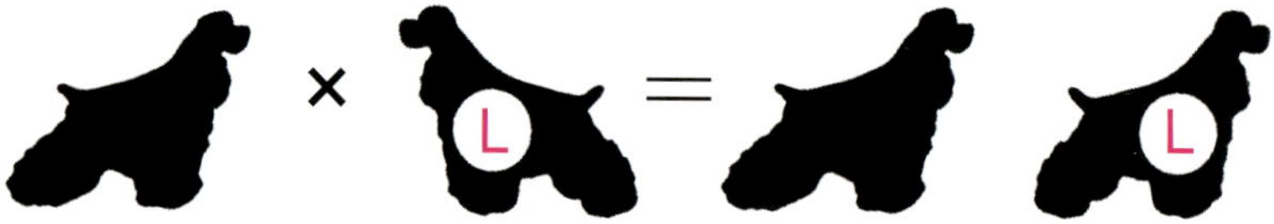

携带火红色隐性基因的杂交黑犬与携带浅咖啡色隐性基因的火红色犬(品种 6)交配，生出黑犬与火红色犬的比例各占 50%

携带火红色隐性基因的杂交黑犬与不携带浅咖啡色隐性基因的深咖啡色犬(品种 7)相配，生出 100%的黑犬

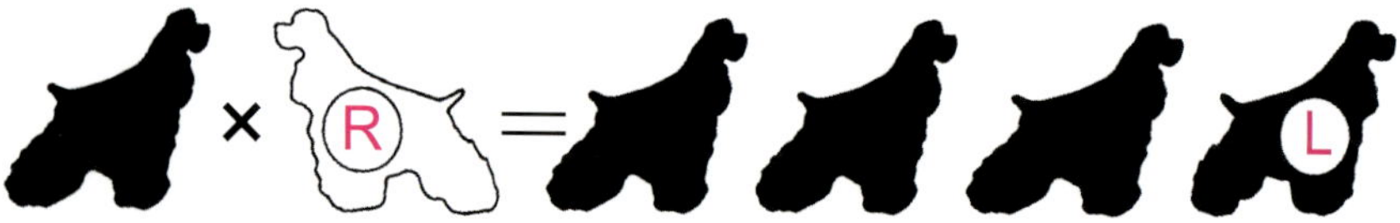

携带火红色隐性基因的杂交黑犬与携带浅咖啡色隐性基因的深咖啡色犬(品种 8)交配，生出黑犬比例是 75%，火红色犬(巧克力色)的比例是 25%

图 5–3 黑犬

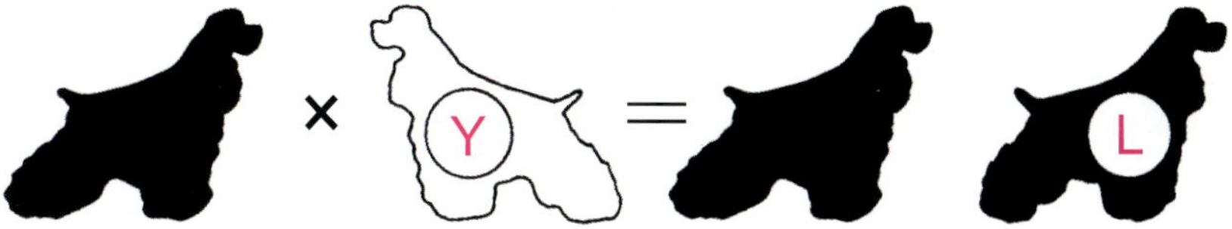

携带火红色隐性基因的杂交黑犬与浅咖啡色鼻子的棕红色犬(品种 9)交配,生出黑犬与火红色犬(巧克力色)的比例各占 50%

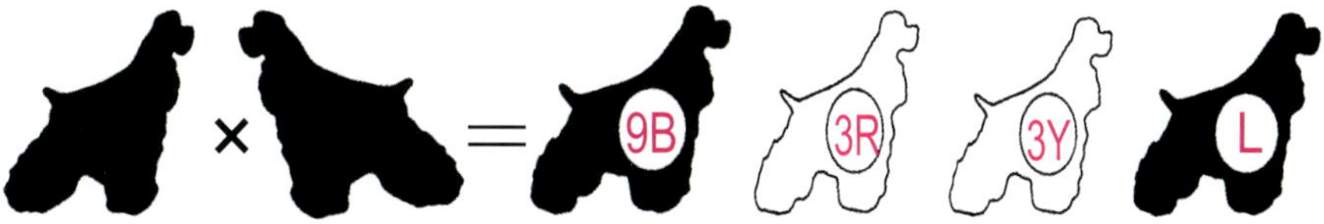

两只携带火红色、深咖啡色和浅咖啡色基因的犬相交配,生出各种犬的最好孟德尔比例是 9:3:3:1

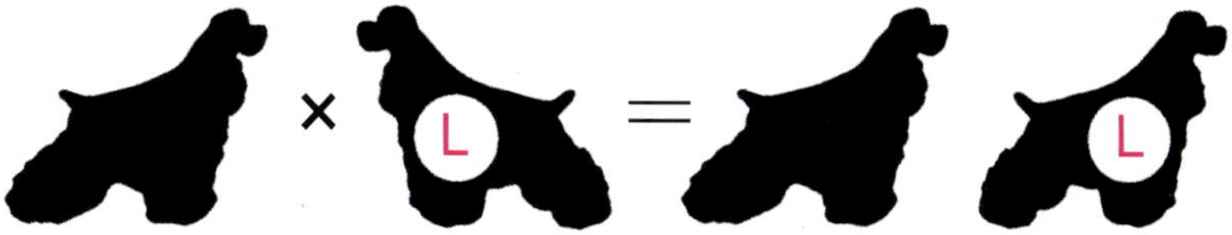

携带火红色、深咖啡色和浅咖啡色隐性基因的杂交黑犬与(品种 5)不携带深咖啡色鼻隐性基因的火红色犬相交配,生出黑色犬与火红色犬(巧克力颜色)的比例各占 50%

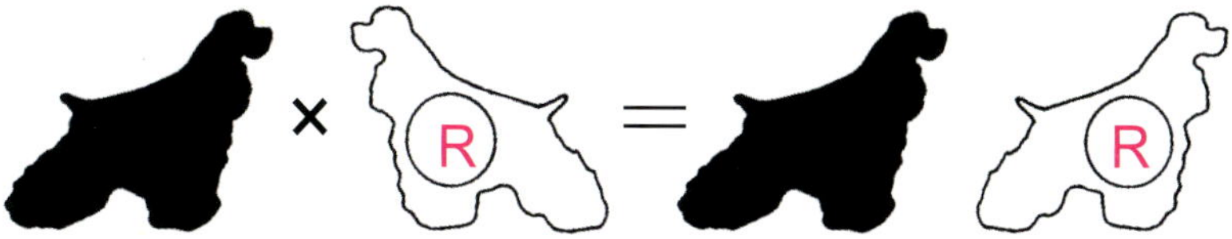

携带深咖啡色和浅咖啡色隐性基因的杂交黑犬与深咖啡色犬(品种 7)交配,生出黑犬与深咖啡色犬的比例各占 50%

携带火红色、深咖啡色、浅咖啡色隐性基因的杂交黑犬与携带深咖啡色和浅咖啡色隐性基因的火红色犬(品种 6)交配,生出黑犬、火红色犬、深咖啡色犬、浅咖啡色犬的比例是 3:3:1:1

图 5-4 黑犬

携带有火红色、深咖啡色、浅咖啡色隐性基因的杂交黑犬与携带有浅咖啡色隐性基因的深咖啡色犬交配，生出黑犬、深咖啡色犬、浅咖啡色犬、火红色犬的比例是 3:3:1:1

携带火红色、深咖啡色、浅咖啡色隐性基因的杂交黑犬与深咖啡色犬(品种 9)交配，生出黑犬、深咖啡色犬、浅咖啡色犬、火红色犬的比例各占 25%

图 5–5 黑犬

双色可卡犬

可卡犬的双色有黑色加棕褐色，巧克力色加棕褐色，蓝色加棕褐色，红色加棕褐色。就大多数可卡犬而言，蓝色加棕褐色，还有红色加棕褐色，因为很少见而让人感到新奇。当然其他颜色也是不错的。

在双色可卡犬的培育过程中，有些犬可能携带全部不同的隐性基因，所以这些可卡犬的颜色根本就不属于其他任何一类颜色。这是多种隐性基因在整个被毛的颜色中得到体现，而且可以在黑色、暗黄色或红色、巧克力颜色和白色形成的双色特征显现出来。而其他可卡犬只有遗传的单色隐性基因或其显性颜色起作用。黑色可卡犬有多种隐性基因，也会生出不同的花纹。对于双色可卡犬来说，稳定的颜色不再具有优秀的表现力，至少它不再具有完美的优势。

在谈到浅黄色可卡犬的章节中，提出的观点和理论，同样可适用于双色可卡犬，但是双色可卡犬不能保证它的形态特征和颜色搭配的一致性。

对所有颜色稳定的可卡犬来说，双色可卡犬含有隐性基因。如果可卡犬的父母都携带有隐性的双色基因，那么纯颜色的可卡犬就会生出双色的后代。

当隐性的双色遗传基因和一种稳定显性的遗传基因成对时，稳定的显性遗传基因的颜色就显示出来，而隐性的双色遗传基因就不被表达出来。那么双色遗传基因可能被稳定的显性遗传基因所覆盖，而传给以后许多代的可卡犬。故只有双色遗传基因和另一个双色遗传基因成对，才能产出双色的后代来。

人们如果不是见到查理在《相信与否》书中的一个实例——双色犬的款式仅能传承五代，在 1952 年的良种可卡犬展示会上，人们就会认为那种黑色加棕褐色的可卡犬是最好的。但是它的喂养者——一位成功的喂养者，做梦也不会想到有隐性基因存在。不管双颜色的后代是黑色加棕褐色、蓝色加棕褐色、巧克力颜色加棕褐色，或者是暗黄色 / 红色加棕褐色，它们都依靠它们父母本身携带的颜色基因。对两个都是浅黄色 / 红色的双亲，不能期望它们会生出双色的后代。然而，有意思的是：有些浅黄色或红色的加上棕褐色的父母可卡犬生出来的可能是浅黄色加棕褐色犬或红色加棕褐色犬，这跟浅黄色和棕褐色变得无法认出来形成鲜明的对比——而这些可卡犬幼仔长大后可能还会生出双色犬的。

两条双色可卡犬交配，产生浅黄色的或红色的可卡犬的比例是很小的。从巧克力色和棕褐色的可卡犬看，可以预料到它们幼仔可能会有红褐色的鼻子。从遗传基因讲，所有浅黄色或红色的可卡犬的幼仔其实是从它们的父母身上继承了浅黄色和棕褐色。它们看起来是稳定的浅黄色或红色。相对于稳定的颜色，双色是隐性的，因此，双颜色的可卡犬不能产出稳定显性的可卡犬。就双色可卡犬而言，在一定程度上，浅黄色和棕褐色的可卡犬种是真实的。例如，假如某一浅黄色或红色加棕褐色的可卡犬被培育成不携带隐性基因的黑色和棕褐色的可卡犬，所有的可卡犬幼子可能是黑色和棕褐色。一个不携带暗黄色或红色的隐性基因的黑色和棕褐色可卡犬，被培育成携带有暗黄色和棕褐色要素的稳定的浅黄色 / 红色或红色 / 棕褐色可卡犬。在第一种情况下有可能生出全黑的可卡犬，在第二个例子中，可能是一种黑色和棕黑色的可卡犬。这些理论对其他这样培养出来的双色犬同样是真实的。如此，由双色犬培育出来双色犬，能产出百分之百的双色犬后代。

根据它们父母的遗传基因构造，按照真实的孟德尔的比率，巧克力颜色加棕褐色的可卡犬和深咖啡色的可卡犬交配会生出黑色加棕褐色的可卡犬幼仔。

稀释因素的引入造成黑色变成了蓝色，巧克力颜色变成了浅黄的银褐色，所以我们能看到外形蓝色的可卡犬。

双色可卡犬长久以来被公认为一个品种，这个事实随着近来标准的变化而备受关注。现在，在所有三条不同的可卡犬中就有一条是带棕褐色的斑纹可卡犬。而且，现在这种棕色斑纹变得非常重要——在双色犬繁育过程中，能够用来清晰地识别各种款式。因为从遗传学上讲，繁育是一系列、多因素的过程。可卡犬的繁育必须保证有正确的款式。然而，如果双色犬经常近亲繁殖就造成该款式的破坏——犀利和明亮的眼神消失，原有的款式会变得模糊不清，经常的近亲繁殖也造成皮毛越来越稀疏。如果将好看花纹的可卡犬混合繁殖，就会获得更为完美花纹的可卡犬。可卡犬的繁殖是因为双色基因有效地控制颜色的遗传的要素。如果用浅黄色或红色的可卡犬与双色可卡犬在一起繁殖，是有利于帮助花纹增强的。

在某一个阶段，从双色的可卡犬身上可以看见混杂的花纹，因为有一些混杂的花条纹，正好区分斑点和细条花纹。有些头顶上黄褐色被毛花纹看起来像铅笔勾勒的一样，而不是混杂在一起。而斑点的不同在于所有的双色犬有的颜色都夹杂。如果黑色或巧克力色混合进黄褐色的款式中，会产生或黑黄褐色的，或脏的，或灰的可卡犬。有人说黑色的款式也与这相联系的，但我不敢保证这个是事实。

从基因遗传学观点看，在双色可卡犬的款式中，明亮的红铜色可卡犬比其他所有颜色可卡犬优越。斑点就是明亮的红铜颜色隐性基因比淡黄色基因优越的表现。线条花纹的可卡犬是由红颜色的可卡犬经过第一步稀释而来的。因此两种隐性基因构成了明亮的淡黄色。

两只都携带有黑白基因的纯黑色犬一起交配,生出黄褐色黑犬的比例只有25%

一只黄褐色黑犬与一只携带黑白基因的纯犬交配，生出黑色犬与黄褐色犬的比例各占50%

一只黑加黄褐色的犬与不携带黑白色要素的纯黑犬交配,生出100%黑犬

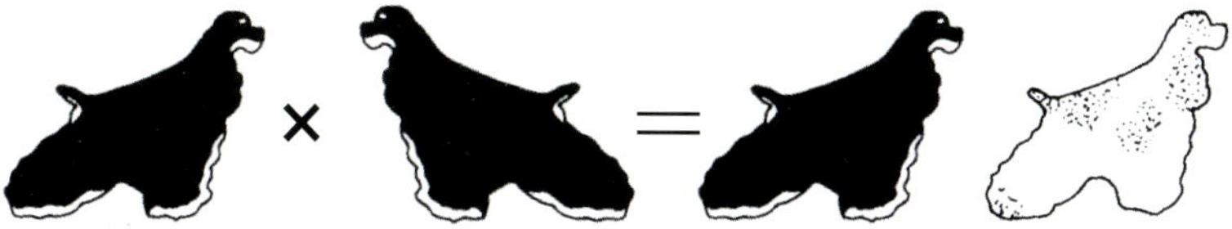

黑黄色犬与黑黄色犬交配,生出100%的双色犬

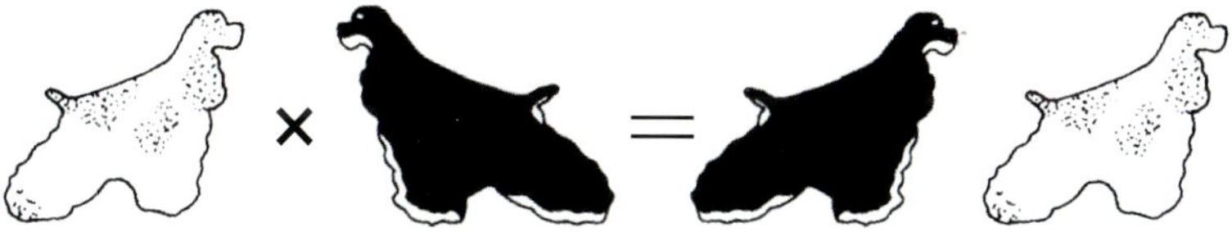

黑黄色犬与黑黄色犬交配,生出100%的双色犬

图6 黑棕褐色犬

杂色可卡犬

在过去的40年里，杂色可卡犬种已迈出了巨大的几步。近年来，人们不禁要问是什么改变了这一切？首先，杂色可卡犬的毛变得更漂亮，皮毛更厚实，杂色可卡犬发生了革命性的变化。其次，是浅黄颜色或红颜色变化的因素引起了杂色可卡犬的变化。像其他颜色可卡犬一样，它的骨架、背梁、皮毛都变得一个样。有趣的是，早些时候的杂色可卡犬的颜色是由稀释黑色犬繁育过来的，而不是它的杂色基因。相对的是，浅黄色的犬毛是黑犬颜色稀释来的，它的颜色就像白色底纹上叠加一种红黄褐色。这样看起来虽然于接近白色花纹的可卡犬，但是与一般的杂色可卡犬又不同。

当产生白色斑点的基因与黑色可卡犬的基因相结合，就生产出黑白色可卡犬；当呈现白色斑点基因与呈现红色可卡犬基因相结合，就产生了红白色可卡犬。与具有稳定显性颜色的基因相比，那种能产生白色斑点的基因是隐性的。可以这么说，与纯显性黑色、巧克力色、暗黄褐色或红色、双色相比，白色斑点是隐性的基因。事实上，当携带呈现白色斑点（或两种杂色）的两只可卡犬交配时，很可能预料到它们只能生出杂色可卡犬后代。

在杂颜色中，条纹色比灰白颜色的底纹显眼，但是对于显性纯黑颜色，它就显得不如了。杂色的可卡犬在美国可卡犬中是稀有的，但在英国可卡犬里是再平常不过了，通常杂色相互重叠在普通的条纹上，才产生了斑驳的颜色。因而，可以说杂色比平常的颜色线条花纹色优越。条形花纹的颜色在变化的领域比纯白色更显著。

里昂·怀特尼博士在他的书《怎样繁殖犬》里，描述他对黑白杂色的可卡犬做了有趣的全面观察。他深信，黑白可卡犬的幼仔通常比任何其他有红白底纹的可卡犬都占有较大的颜色选择空间。这一观点后来也被塞瑟博士提出过；在《杰克逊的记忆实验》的书里有该内容；菲利浦博士经过早期调查《谁为可卡犬的颜色作了首要的工作》，也得出结论：同一窝可卡犬里，可卡犬的红白颜色斑块要比黑白颜色斑纹小些。因此，黑白色可卡犬与黑白色犬交配，形成该种可卡犬的斑纹越来越深。连续不加选择地把红白色可卡犬和红白色可卡犬交配，在以后的后代中，它们的颜色会逐渐呈现白色。今天，显然有越来越多的幼犬，半边头有斑纹，而身上又太白。事实上，红白色可卡犬的数量不断增长，它们的颜色多得几乎够资格成为另一个杂色犬种。

红白可卡犬的红白颜色是隐性的，而黑白色可卡犬的黑色是显性的，白色是隐性的。因此，要繁育好的、能够持久的黑白色可卡犬是较困难的。为了繁育出颜色好看的黑白色双色可卡犬，人们不得不将黑白颜色中显性黑色减少到不全显的程度。这现象正在发生，若走到极端，它最终会缺少黑色素颜色，而生出黑白色可卡犬就会长得像它们的红白色同胞。那些杂色犬的喂养者可能会意识到他们正在失去这种好的颜色的可卡犬。

在任何一窝幼犬里面，它们的黑色与白色所占的百分比或红色与白色所占的百分比是由公犬和母犬共同的颜色，以及家族的遗传背景决定的，这种比例同纯种颜色的可卡犬一样，同样要遵循遗传的规律。举个例子，当黑白色可卡犬与杂色的可卡犬交配时，黑白色可卡犬可能像纯黑可卡犬一样，只能生出黑白色的可卡犬。当这些黑白色可卡犬与红白色可卡犬相交配时，有 60%的机会生出来的是黑白色的可卡犬。然而可知，可卡犬幼仔将会是杂交的可卡犬，并且也可能生出黑白色的可卡犬。虽然只能生出较少数量显示红白色可卡犬，但至少它们能这样生，而且它们这样生过，也确实存在过这种情况。

当红白色可卡犬与红白色可卡犬交配时，通常只生出红白色可卡犬。

对红白色可卡犬使用的规律，对红黄褐色这样的双色犬也适用。只是塞特犬的红色和柠檬白犬的浅色底纹不同罢了。由于单一颜色品种可卡犬经过了数代遗传，产生了深色底纹品种的可卡犬，人们就认为这是颜色因素改变的结果。因为这些因素严重影响了主要颜色基因的发展和表现。深红色可卡犬具有能够促使红颜色变异的因素，然而，浅色底纹的可卡犬因为身上含有的红色变异因素较少，因此红色要素发展就较慢。从它的另一个方面，我们可以判断：在 350℃的火炉上烤上 30 分钟的毛滤油要比烤上 1 个小时的毛滤油的颜色亮。

黑白色犬与黑白色犬交配,会生出黑白色犬和红白色犬(除非公母犬都是显性黑白犬)

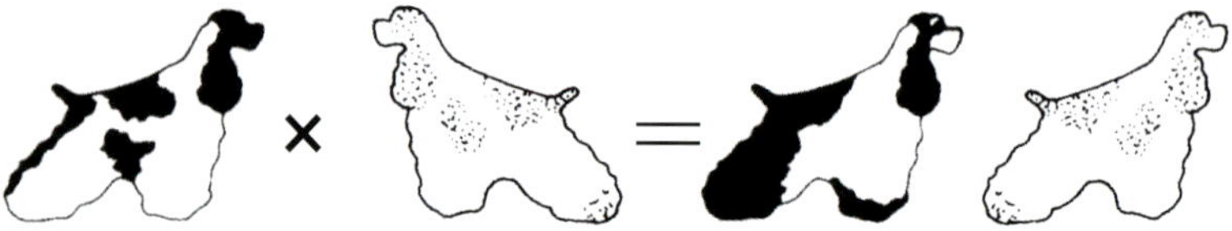

黑白色犬与红白色犬交配,生出黑白色犬和红白色犬(除非公犬或母犬都是显性黑白犬)

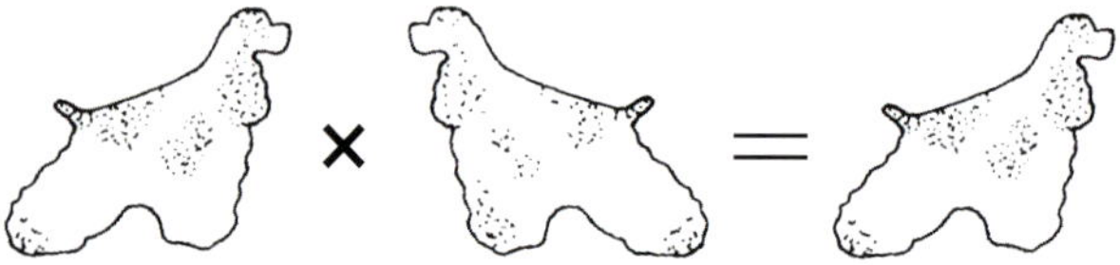

红白色犬与红白色犬交配,会生出 100%的红白色犬,也可能生出黑白色犬(尽管较稀有)。在同样方式下,暗黄色犬与暗黄色犬有可能生出黑犬

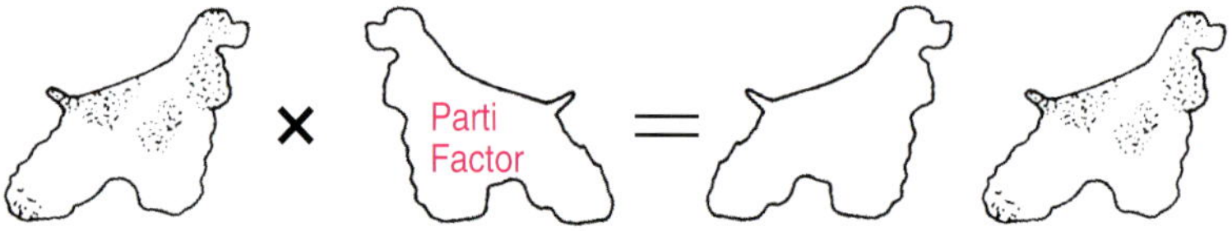

红白色犬与红白色犬交配,会生出 100%的红白色犬,也可能生出黑白色犬(尽管较稀有)。在同样方式下,暗黄色犬与暗黄色犬有可能生出黑犬

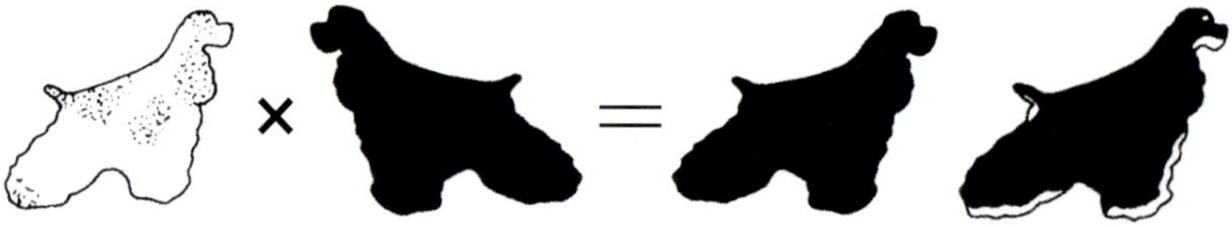

杂色犬与不携带杂色基因的纯种犬交配,生出纯种犬或杂毛花纹犬

图 7 杂色可卡犬

三色可卡犬

在可卡犬当中，围绕三色可卡犬的繁育是很神秘的。真正纯色的三色可卡犬，并不像它的同胞——红白色可卡犬和黑白色可卡犬——那样普遍。然而三色可卡犬的繁育并没有其他任何颜色的可卡犬难。在这个过程中主要困难是不容易获得期望的斑纹，而且缺少理想的构造和类型，或有令人羡慕的颜色而缺少令人羡慕的花纹。我们说这些的目的是为了解释哪三种颜色和怎样获得这三种颜色。顺着这些线索（或许中间会出现干扰）能够明白令人羡慕的斑纹和结构形态是怎样形成的。

所有那些针对双色可卡犬的款式和变异的评述，对三色可卡犬同样适用。三色可卡犬总有一种颜色是白色的，其他颜色可能是双色可卡犬身上能够找到的混合颜色中的一种，例如黑色加黄褐色、巧克力色加黄褐色、蓝色加黄褐色或红色加黄褐色。

双色可卡犬的两种颜色构成了三色可卡犬最基本的两种颜色。但是双色犬没有三色可卡犬那种能够使部分双色款式覆盖的白色遗传基因。

在三色可卡犬身上，可以看到白色皮毛的数量有多有少。由于白色斑点掩盖了大部分的双色款式，并不是所有的三色犬的花纹都是一样，包括任何所有其他的杂色的或所有的双色的可卡犬都不具有同样的斑纹。在双色可卡犬和杂色可卡犬身上发生颜色和款式的变化，同样可以发生在三色可卡犬的身上。一般的黑色、黄褐色和白色可卡犬都有一种容易辨认的双色款式。在它们的脸上、耳朵里还有尾巴下面是黄褐色皮毛；在眼睛上也有两个黄褐色的斑点。它们的鼻子、腿和脚都是线条式黄色的毛。

当然三色犬基本上可以说是双色犬。不管它们的后代是否会有白色斑点，也不管是否精心选择的交配繁殖携带有独立的斑纹基因和双色款式的基因。它们本身就具有双色犬一样的再生能力。

记住，白色斑点是双色可卡犬的隐性基因。因此，三色可卡犬通过遗传方式将两套独立的遗传基因呈现出来。当某个隐性基因不能够单独地体现出来的时候，那个单独存在的特征总是共同的（相当稳定的颜色）。

这种稳定的隐性基因控制这遗传的某些特征，因此我们可以肯定地说这是纯种。当两只三色可卡犬交配时，它们可能被认为只能生出三种颜色的可卡犬幼仔。无论这些可卡犬幼仔的颜色是黑色与黄褐色和白色，或是巧克力色、黄褐色和白色等等，这些颜色完全是由它们的父母款式和它们携带的那些隐性基因决定的。

如果三色可卡犬是令人羡慕的话，那么双色可卡犬也应当由于白色斑点基因，同样列在狗的家族系谱上。因此在某种程度上，能得出一种结论：特定的动物才有将特定的隐性特征传给它们的后代的能力。以此可以知道：（1）动物自身能表现其特征。（2）动物能够表现其双亲之一的特征。（3）经过繁育测试，证明其后它的后代能够再次拥有该特征。

大多数的喂养者考虑过将黑色（巧克力色）、黄褐色和白色结合起来形成真正的三色犬。如果喂养者希望生出这种结合物来，他必须明白这种可卡犬的繁育过程，在它们的被毛里有黑色或火红色色素。因为黑色和火红颜色都是显性基因，在它的后代出生之前，其父母肯定携带有该色素。在可卡犬繁育过程中，我们知道多种颜色的任意结合都可以产生三种颜色来，只要其父母双方携带有能够产生三种颜色中的两种款式的基因就可以了。

下页的图中有许多方法描述了三色可卡犬的产生和期望概率的百分比。

简单一句话，想尽办法，用黑色加黄褐色的可卡犬与巧克力色加黄褐色的可卡犬相交配，就能产生理想的三色可卡犬。你也可以随心所欲地将三色犬与双色可卡犬交错地交配，这样双色可卡犬还能帮助增强三色可卡犬的款式。

另一种培育三色可卡犬的方法就是使用携带有双色基因的犬和杂色基因的犬，例如：黄色和红色的可卡犬（这种犬很多，容易找到）进行交配，进行杂交就可以得到理想的三色可卡犬，只是这个过程太慢了。不过利用这种方法，将可以明显减少双色可卡犬在繁育过程中出现的太过于偏黑或偏浅黄的风险。例如如果两只黑白色的可卡犬携带有双色或杂色的基因交配时，从理论上讲，在出生的八只可卡犬里，只有一只是三色可卡犬，然而其他七只幼犬可能是杂乱花纹的犬。但有些出自同一窝的这种幼犬的后代拥有生出三色可卡犬的能力。图 8 就显示了这种遗传基因相结合可能出现的结果。

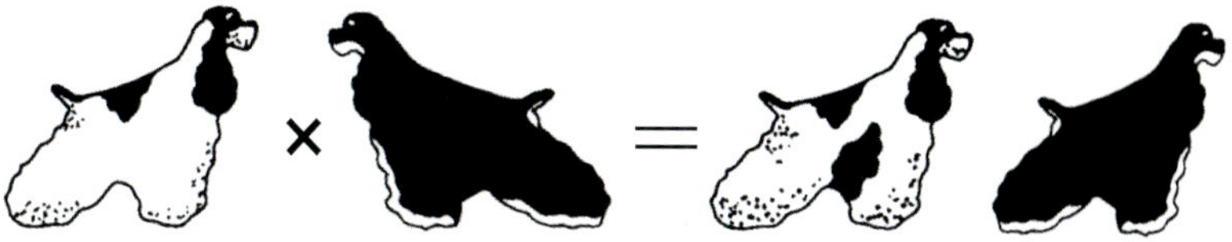

三色与黄褐色黑犬(有一个杂色双色双亲)，生出 50%三色或 50%黄褐色犬

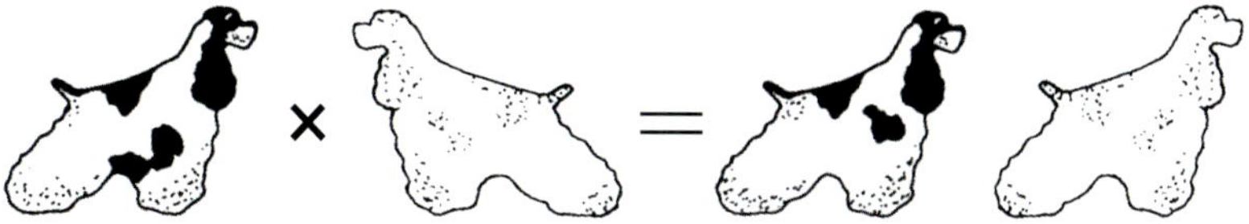

三色犬与杂色犬(有一个黑白色双亲)，生出 50%三色或 50%杂犬

三色犬与一只有黄褐色黑犬和杂色犬双亲的纯犬交配，生出 25%三色或 25%杂犬或 25%黑白色或 25%纯白色

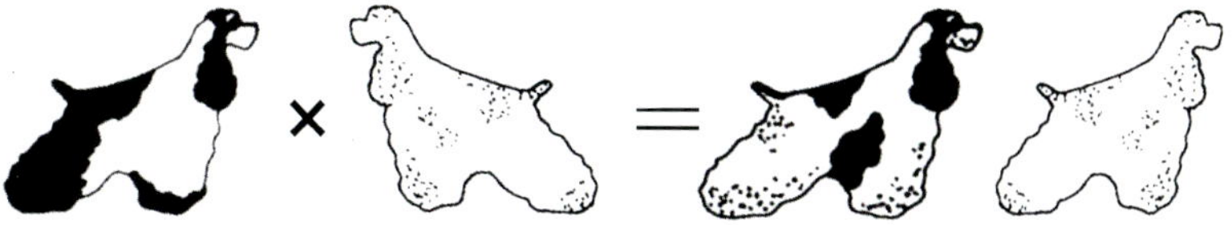

两只犬都有一个黄褐色黑犬和杂色犬的双亲，生出 25%三色犬或 75%杂色犬

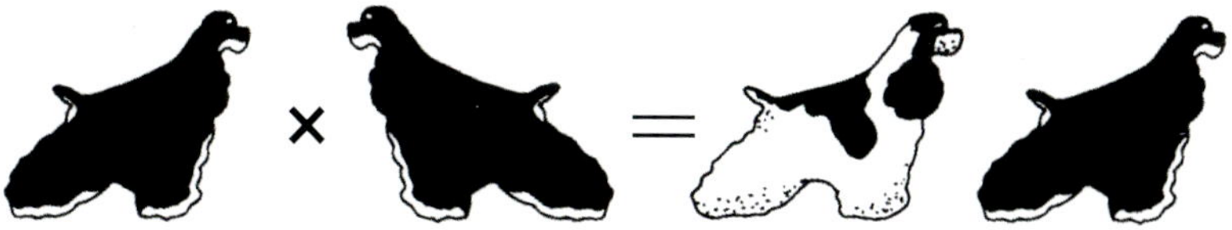

两个都有一个杂色或三色双亲黑色加黄褐色犬交配，生出 25%的杂色犬或 75%双色犬

图 8　三色犬

杂乱花纹的可卡犬

如果不对杂乱花纹的可卡犬加以讨论，就没有完成我们培育所有美丽品种的可卡犬的研究。杂乱花纹的可卡犬很容易影响可卡犬的品质，这方面的标准是严格的。有时在可卡犬的前胸和喉结上有一小撮白毛，可能被接受；但是如果在其他地方有白毛的话，这只可卡犬就会被淘汰了。从胸前到下巴，如果颜色亮了点，或者是暗黄色和黄褐色相混杂，就构成了质量问题。按这一标准就是不够格的，就要被淘汰。

现在我们的科学能够做到控制红色或黑色在杂色可卡犬身上的相对数量，也就能比较出杂乱花纹可卡犬的被毛效果。杂乱花纹的可卡犬的白色毛通常在容易找到或容易辨认的某个部位，像四肢、胸部、尾巴尖，都是白色经常出现的地方。但是，有些红色动物的白色斑块也会出现在头顶和鼻子上。

当两种完全稳定的颜色可卡犬的后代交配时，可能出现单个的杂乱色花纹的可卡犬。在这种情况下，它们经常被当成杂乱花纹的可卡犬。

图 9 所示，杂乱花纹的可卡犬在以下任一方式下都可以产生。

第一：稳定显性颜色的可卡犬颜色构成能力变弱或颜色不能拓展到全身。在出生前，由于它们身体的某个部分发育得不完全，没有颜料供给，就会出现白色。这就是为何在四肢、胸部、鼻子和尾巴尖，这些地方会受到影响。通常，那是因为某些原因而把杂乱花纹的可卡犬——就算不是一定——它们会把自己拥有的不断降低的颜色构成能力传给它们的后代。然而，在某些情况下，产生和拓展色素的能力的减低仅能产生普通测验都检测不到的一点点白色。故此，这些可卡犬看起来是纯色的，也是挺娇贵的。还有些白毛在胸部被有色的毛覆盖，从外表检测是看不见的。然而那些杂乱花纹的可卡犬，也会把这些表面特征遗传给它们的后代。

第二：那种携带有杂色隐性基因的稳定显性颜色的可卡犬，可能会也可能不会隐藏包含杂色的事实。如果它能这样做，它看起来就是纯颜色的——尽管它没有产生杂色基因的能力。但是，有些时候，杂色并未被完全覆盖，在这些情况下，白色显现。极有趣的是在四肢、胸部、前额、鼻子、尾巴尖容易变化的地方又会出现其他颜色。

第三：在某些犬种里，例如巴辛吉犬或巴塞尔犬，考虑到它们有一定的款式和固定的斑纹，所以把它们列到另一个犬种。因此，这些狗狗被视为纯种；但即使是这些纯种的可卡犬，也能够将很少的或大块的或不常见的白色斑纹，一个不落地传给它们的后代。某些杂乱花纹的可卡犬很可能就属于这一类型。

一些喂养者希望用这种有令人羡慕的杂色斑纹的可卡犬来繁育，这是无可非议的，但是必须地接受采取这一行动而带来的种种后果。

从理论上讲，任何颜色组合的可卡犬都能得到。只要喂养者这样想，这样做，养一条颜色复杂的可卡犬是可能的事，而且许多人已经这样尝试过。因为这种犬是稀有的，所以也能卖个好价钱。但是这仅仅是手段而不是目的，目的还是培养出符合现行标准的良种可卡犬，毕竟稀有的犬就可能意味着不是正确的自然选择。

一只黑色杂乱花纹犬与浅黄色乱花纹相交配，生出杂乱花纹犬

一只有黑色、黄褐色杂乱花纹犬与一只有黑色和黄褐色杂乱花纹犬交配，生出杂乱花纹犬

有杂乱花纹犬与另一只有杂乱花纹犬交配，生出杂乱花纹犬

图 9　杂乱花纹犬

第五章

可卡犬的参展

参加高水平的犬展，可以同其他许多养犬爱好者一起来欣赏、评判参展犬只，从而不断提高自己的鉴赏能力。

犬展的种类

犬展按规模和级别可分为国际性犬展、全国犬展、区域性犬展及各协会或俱乐部本部展。世界上较为著名的犬展有美国西敏寺犬展、英国克鲁夫特犬展、意大利米兰犬展等。

犬展是犬迷的交流盛会

西敏寺犬展 起源于一个世纪以前，那时，纽约的一些养犬爱好者经常聚集在西大教堂(西敏寺)饭店举办各种交流活动，并一起组织策划了第一届纽约犬展。现代的西敏寺犬展几乎成为当今世界最高级别的犬种展示比赛，世界各地的名犬都以在西敏寺犬展中夺魁为最高荣誉。报名参赛的犬只无一不是身经百战的各地冠军名犬，也正是因此，每届西敏寺犬展的参赛犬只数目都不算太多，基本保持在 3000 ~ 5000 只左右。

克鲁夫特犬展 是由狗饼干供应商查尔斯·克鲁夫特于 1886 年首创的英国规模最大、规格最高的全犬种犬展，每届犬展都吸引了全球各养犬俱乐部或协会参与。

意大利米兰犬展 也是世界上最具特色的几大犬展之一。和其他重要的犬展不同的是，米兰犬展的参赛者除了那些专业的养犬者以外，更多的是业余的养犬爱好者和名犬发烧友。他们之中有来自意大利本土的，也有来自欧洲邻近各国的。

国内犬展 我国的犬展历史较短，上世纪 90 年代末期才由个别城市的养犬协会小规模的举行，在全国范围内影响不大。2000 年以后，随着养犬业的发展，各大中城市纷纷成立犬协或俱乐部，各协会、各俱乐部之间加强了沟通，与国外许多犬协或俱乐部的交流与合作也得到了加强。近两年，北京、上海、成都等地的犬展已成为目前国内规模较大的犬展，具有了一定的影响力。

犬展还可分为全犬种展和单犬种展。全犬种展包括单猎犬组、群猎犬组、工作犬组、㹴犬组、玩赏犬组等。

犬展分组方法

分组方法有许多种，通常是公母分开为公、母两组，而按月龄大小又分为数组。大约有下列三种方法：

A 特幼组——3～6 个月
幼小组——7～12 个月
未小组——13～18 个月
未大组——19～24 个月
成犬组——24 个月以上

B 特幼组——3～6 个月
幼小组——7～9 个月
幼大组——10～12 个月
未小组——13～18 个月
未大组——19～24 个月
成犬组——24 个月以上

C 特幼组 A——4 个月以下
特幼组 B——4～6 个月
幼小组——7～9 个月
幼大组——10～12 个月
未大组——13～18 个月
成犬组——18 个月以上

不同犬展有不同的分组方法

奖项评判方法

参展各组中最优胜者为冠军(CH)，居次者为准冠军(CHR)，并依出场犬只多少而决定取一只或数只准冠军(CHR)。再让各组之冠军(特幼及幼小组除外)分公母再赛，而产生优胜犬各一只(公 WD)(母 WB)，两只再相较之后产生总优胜(BOB)，而取次者为(BOS)。若为全犬种展时，再将当日所有犬种之总优胜犬(BOB)作一番比较审查，最后产生全犬种优胜犬，也就是 BIS(Best in show)全场总冠军。而在大部分的单独犬展中，都将幼大以下之各组冠军公母分开再赛一次，在特幼小 A、B 幼小之冠军中，再选一只优胜犬，公优胜犬为王子奖，而母优胜犬则为王女奖。全犬种中多无此二奖。

此外，另有一种冠军积分制的评比方式，就是九个月以下之犬因尚未发育完全，还可能因许多因素而改变，则采取一次决定胜负的方式，优胜者颁发奖状及奖杯以示鼓励；而 9 个月以上之犬只要通过入选资格，发给得分卡，一张一点，集满十点就产生冠军资格，并发给证书。另把全犬种分为七个组别，分别依其特性，互相比赛，而产生优胜犬 BOG，并按参加犬只的多少而定一只或二只入选。

获得冠军是每个参赛者追逐的梦想！

裁判审查方法

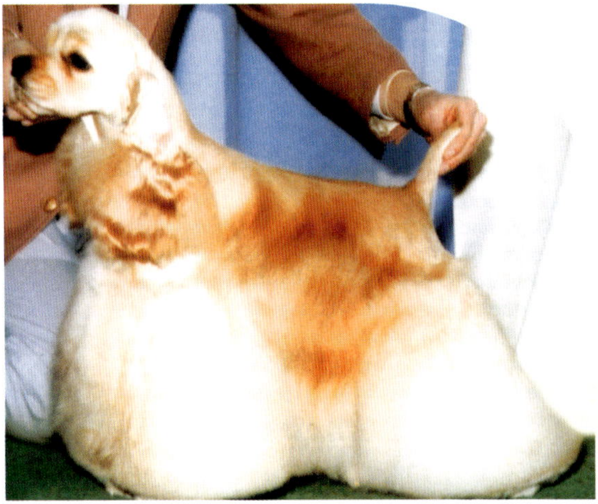
裁判审查就是依据犬种标准打分

参展者按组别入场后，先进行个别审查，由审查员对参展犬只逐一检查其牙齿、咬合、骨骼、睾丸等是否健全后，再作比较审查。由指导手牵引参展犬只绕行审查场，进行步容、立姿、秉性及动静体态等审查。除了根据各部分标准来评分外，尚要注重整体的均衡及动态的美感，来决定犬只的优胜。

赛前犬只美容

亮丽的外表对参加狗展的狗是否获胜有着极大的关系。对于美国可卡犬来说，打扮得漂漂亮亮尤为重要，而它参展当日的外观，则有赖于主人前 6～12 个月的不断努力。参赛犬只应按该犬种的国际标准为犬只美容，参赛犬只干净、美观。

参展的可卡犬除了要有一身美丽柔顺的被毛外，也要确保它有干净的脚，外加干净的耳朵、眼睛及牙齿。展出前的两个星期内勿洗澡，因为这个时间内洗澡会影响毛质及毛量，必要时可用热毛巾擦拭。犬体的修剪及整毛应于赛前一星期完成（最少也得 4 天前完成），如此可让修过的部分显得自然而不留刀痕。

可卡犬的外观在刷饰、美容及断尾手术等方面，可以做很大程度的改变，但必须依据规定来进行。参展前最好将这些规则查询清楚，如果不符合规则，你的可卡犬可能就无缘夺冠。关于可卡犬具体的修饰，我们将在后边的章节里详细讲解。

赛前的准备

决定参加犬展后，当然希望爱犬能以最佳状况参展而一举成名，那么赛前有充分准备可以使你信心十足。

A 准备好刷饰工具——梳子、刷子、剪刀和干洗剂。

B 准备好饮水碗、水瓶、食物、盛食物的碗、席位链和狗床的毯子。

C 准备好精美食物。许多训练者用精美食物来训练狗的注意力，通常把这些食物装在塑胶袋里，然后放在口袋中以沙沙作响方式的吸引狗的注意。

D 参展时用的牵绳通常为尼龙质料或精细皮质。

E 若犬展在远地举行，最好提早 1 天到达，以缓和长途旅程的疲劳。

F 犬展当天应提早到会场。先找个阴凉的地方稍事休息，并避免日晒过度。

G 参展当日犬只食粮应减半或空腹，以免参展中途呕吐而影响精神。

H 到达会场以后给犬饮水，如是幼犬，适当给少量食物。

I 做赛前的准备工作，如梳毛或牵带以及适应会场环境。

J 不要殴打或责骂你的狗，以免怯场。

K 犬主应保持轻松，尽量去表现犬的优点。牵绳应握于左手，立姿应侧向审查员，并注意本身服装整洁及保持个人风度。

展前应做好充分准备

参展前的训练

如果你想让爱犬在赛场上取得好成绩，你必须在赛前半年时间里进行针对性训练，让你的可卡犬在赛场上表现出高度的自信，用自身的魅力和风度去征服裁判。

◆行进中的定姿训练

展前做好针对性训练

当你初次套上牵绳时，它会因为不习惯而挣扎，你可以食物来诱导它，这样它很快就能和你配合，而习惯让你牵着走了。这种训练最好是选择饿着肚子的时候效果更好。

刚开始训练时，当你喊一个口令，例如“定”，它可能不知道你要它做什么，而仍然低着头不理不睬时，就要用力地扯一下牵绳，以引起它的注意，使它把头抬起来看着你，这时你就将食物递给它，并且称赞它。如果它跳起来，或站立起来时，你就把牵绳往下扯，并斥责“不行”，并把食物拿开，等做对了再给它。如此重复训练，几次以后它就会明白你的用意，并愿意配合。这时你可以慢慢地在它“定”的时候，弯下腰用手顺一顺它的尾巴，让它习惯你的这个动作，然后试着抬一抬它的后躯，把后脚的位置摆好。一般这种训练可以在你牵走的中途停下来做一下，这样在赛场上更容易配合。另外要注意的是在“定”的时候，犬和你的距离不要靠得太近，最好有 1～2 步的间隔，如果它靠得太近，你可以弯下膝盖，顺势把它顶得后退一点，或者它站得不好时也可以让它转个圈重新来过。

定姿训练应从小开始

◆桌上定姿训练

在个别审查时，摆在桌上的姿势是很重要的，因此桌上的训练要越早开始训练越好，大约2个月前即可开始。

首先把犬抱到桌上，用右手托住它的下巴，左手把两脚之间的臀部托住，让它习惯站在桌上。如果它很害怕，一直想蹲下或趴下时，要轻声安慰它，给它鼓励，让它习惯，然后再调整四肢的位置。如果前肢站不好，可以用右手将前肢托起后再重新放下，然后看位置是否正确，如仍一前一后则重复一次，并用手把后脚关节拉成适当的角度后把尾巴顺一顺，放到背上，用左手轻轻地按着尾根，就可以把姿势摆好了。刚开始你可能做得不顺手，多做几次后，相信出场时你就能得心应手了。

若你的爱犬是一只很活泼、胆子很大的犬，放在桌上后蹦蹦跳跳地不能安静，那么你就抓着它的尾部，将它放到桌子边缘，让它的前脚踏空，或后腿踏空，使它觉得如果不安静就会有掉下去的危险，从而安静下来。

如果你的爱犬很胆小，套上牵绳半天都不敢动，甚至一直发抖，怎么都不肯走时，那么你就该放弃它，它是不适合参加犬展的。

◆步伐训练

在表演中最重要的是狗的动作，裁判希望看到的是轻快、自由、活泼的可卡犬。调教者有责任提供足够的空间和自由，让狗以正确的姿势跑动，同时自己行动时也不能阻碍狗。调教者必须选择跑动的线路，虽然裁判会指明大致的方向，但主人应该先勘测场地。狗一般不想在其他狗弄脏的地面上跑动，即使弄干净后也是这样。在会场外面，要尽可能查明线路是否平坦，是否有会改变狗步伐的洼坑和土堆。

要使你的可卡犬步伐达到最佳效果，需要先测定其小跑的速度。在家中练习时，可以请有经验者在一旁辅导。确定可卡犬的正确步幅和皮带长度是非常重要的，最优秀的调教者和狗一起在场中表演时，会如隐形人般——让可卡犬看起来是完全自由地行动。

虽然你和你的可卡犬应以和谐方式跑动，但切记：千万当心，不要在跑动时模仿它的步伐，因为可卡犬可能会很自然地开始模仿你，并采取类似踩高跷的动作。

除了观察可卡犬的步伐外，裁判还会评判它进场和离场时的动作，这时则需要以较为缓慢和更“泰然自若”的小跑步。并记得要让可卡犬沿直线跑动。为克服脚步摇晃和双脚如螃蟹走路般的跑姿，在训练时，在狗的两旁，以顺时针和逆时针两种方式练习。谨记：调教者漫不经心的步伐是造成这种现象的主要原因。

可卡犬的步态应自由轻快

赛场展示技巧

在参赛之前，可根据可卡犬的犬种标准及评审标准来评估你的爱犬，若越接近标准，则优点越多，获胜的可能性也越多。但没有一只犬是绝对完美的，因此指导手就要把犬的优点表现出来，而把缺点用技巧掩饰起来，让犬只在审查员面前呈现出最吸引人的秉性与气质，而获得好的成绩。指导手可以是犬主自己，也可以聘请专门的牵犬师。

◆定姿展示技巧

当审查开始时，就要做个别审查，此时你就要依顺序把犬放在审查桌上或让其静立于展示场中，摆好姿势接受审查。指导手要以最完美的方式在最短时间内帮助可卡犬做好定姿动作。将一只手放在犬的胸下部以抬高前端，然后将手移至颈部以做出正确的头部姿势，同时另一只手尽可能地调整后腿和尾巴，要像是爱抚狗而不是摆布它。轻触狗的最后一根肋骨下方，能使它收紧腹部肌肉，以达到最佳效果。摆姿势的具体动作顺序如下：

特别提示

参赛犬状态调节

注意调节参赛犬只的心情状态，稳定的情绪对参赛犬只的临场发挥意义重大。

第一步 把犬抱到桌上，将牵绳的另一端盘在指导手的手上。

第二步 用右手托住犬的下巴及前胸。

第三步 用左手托住犬的后躯，把两腿之间的臀部托住，让四肢平踩在桌上。

第四步 如前脚站得不好，要调整时，应用托住下巴的右手，将两脚的距离排好后由前胸托起后再放下，看看位置是否理想，如仍不好则再重复一次。

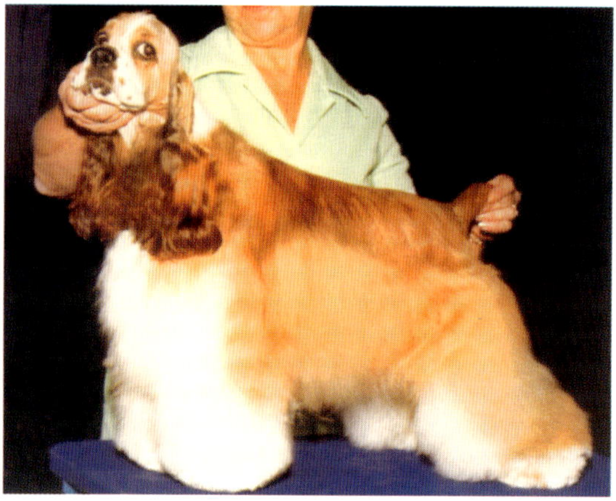

展示静态姿势时，动作要流畅自然

第五步 如后脚站得不好时，则用托住后躯的左手，将犬由两腿之间的臀部托起后再放下，如仍一前一后或呈牛肢状或O形时，则再重复一次，并可用手把后肢关节拉成适当的角度。如你的爱犬背线不良或中间拱起，则可把后肢的立足点拉离前肢远些(拉得后面一点)，这样可以使背线较直，也可使前肩胛骨看起来较高。

第六步 待四肢的位置正确之后，用左手轻轻地按着尾根，右手轻托下巴，就可以把桌上的姿势摆好了。

◆I字形牵走技巧

所谓I字形就是从原点出发走直线，至终点后做180° 的旋转再回到原来的出发点，这也是做个别步容或姿态审查时用的方法。这种走法主要便于审查员观看犬的后肢及前肢的步容和架构。如果你的爱犬后肢较弱，就要把牵绳放松一点，让犬的重心前移，就会改善许多。走直线时步容一定要轻快，速度适中，配合指导手的步伐，犬不要离开人太远或靠得太近。到终点旋转时，指导手应以单脚固定，以另一只脚旋转，犬在人的外侧绕圈旋转。如犬走得慢时，指导手可以配合走小步一点。旋转后审查员开始注意犬的正前面走势，要注意犬的头部，不要让它低着头像老牛拉车似的步容。另外出现牛步时，牵绳可以一松一紧地控制，来改善它的牛步。

I形赛场

展示中可通过牵扯绳控制步幅

四肢均衡的犬，牵绳不要过紧，否则容易使前脚踏空，前肢踏空时容易有交叉步容出现，应尽量避免。旋转后，步行至审查员前 1 米处时就停止，并把姿势摆好。

三角形赛场

◆三角形牵走技巧

走三角形的赛场，主要是审查员要看犬的侧面步容。此时要昂头挺胸且精力充沛地快步前进，在转弯时指导手应大步急转，以跟上犬的步调。遇上精力充沛、动作灵活的犬时，可以用 I 字形的转弯法，以免犬走得过快而扰乱步调的和谐。

◆圆形牵走技巧

一般圆形的走法是以逆时针的方向作全场的牵走。一般此种走法大都是整组犬一起走，作比较审查时使用较多。此种走法大多在整组犬出场后，个别审查之前或之后绕行整个赛场，以作比较审查。由于是整组犬一起走，因此要注意保持彼此的距离，并依审查员的指示，慢慢地加快速度，以最美、最和谐的步伐前进。走得较慢的犬可以较靠内，速度较快的犬可以走外侧或者慢点出发，以保持适当的距离。如审查员示意停止时，立即摆好站姿，把犬"定"起来，并随时注意审查员的视线，调整方向，以完美的侧面"定"姿对着审查员，切记不可把犬的屁股朝向审查员。否则即使你的犬"定"得再好，也会被扣分。

犬展就是将犬最完美的一面表现出来！

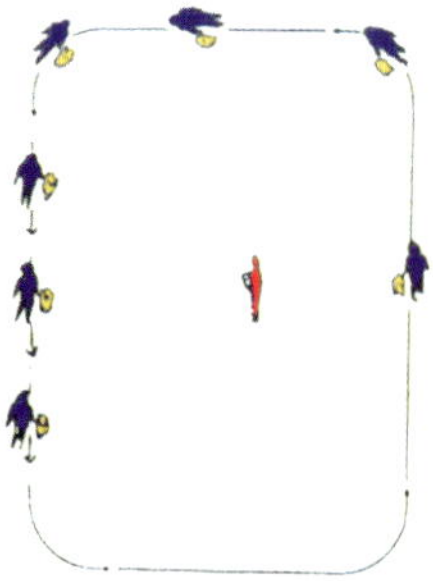

圆形赛场

注意事项： 正规的国际犬展要求牵犬者着正装，衣着不整或穿着过于随便会被扣分。牵犬者与参赛犬要求动作协调一致，步态优美，做到"人狗合拍"。

第六章

可卡犬的日常管理

两种可卡犬由于外形习性相近，管理也大致相同。可卡犬的日常管理必须遵照其生理特点及功能特征，进行科学的饲养管理。

提供舒适的生活环境

◆有足够的活动场地

可卡犬属于单猎犬犬种，它们生性活泼好动，擅长追寻山鹬、鹌鹑等野鸟，因此，对于可卡犬来说有能让其自由奔跑、追逐嬉戏的草地尤为重要。可卡犬不是一般玩赏犬，它们需要较多的运动，我们在选择饲养可卡犬之前，应先想想自己是否能够为其提供适合的场地，让其无忧无虑的成长。

一块能自由活动的草地对于可卡犬十分重要

◆宽敞的犬舍

可卡犬喜欢自由自在、无拘无束，因此，它的犬舍要略宽大一些，使其能够自由转动身子为宜，犬舍太小使其感到压抑，易患神经类疾病。犬舍可在市场上购买木制、布艺或塑料制品的犬屋，也可自制，但必须四周光亮平滑，以免挂伤可卡犬浓密丰厚的长丝毛。犬舍底部可铺上旧布或旧毯子。

犬舍应放在地面干燥的地方，夏天要注意打开窗户，使犬屋凉爽，冬季则要及时加厚犬床，采取保暖措施。

◆备好常用用具

食具 喂犬的食盆和水盆要求坚固不易损坏，便于洗涤，底部较大，防止饮食时被打翻。犬吃食、饮水的用具最好是不锈钢、铝或塑料的，较厚的陶瓷盆亦可，最好不要用易碎的陶瓷制品和玻璃制品，防止碎后扎伤犬，也不要用易生锈的铁制品。

玩具 目前宠物市场上犬的玩具种类很多，主要有各种咬胶及清洁骨、框架球、拉力器、不规则环、弹性球、咬绳等，这些玩具可清洁口腔，磨炼牙齿，也可供人犬共同玩耍，有助于提高犬只的灵活性。

多准备一些玩具让其自由玩耍

洁具 包括刷子、梳子、剪刀、电吹风、清洁剂等。刷子以猪毛刷为好，宜用稍长而硬度中等的毛刷。梳子以金属梳为好，可卡犬被毛质地较粗，宜选用稀齿梳。剪刀用于剪犬的脚趾尖和被毛。清洁剂供犬洗澡用。此外，还要常备用一些药用棉、纱布、消毒药、3%碘酊、紫药水及抗生素药膏等。

可卡犬的四季管理

狗的身体比人类更容易受到季节变化的影响。随着四季的更替转化，可卡犬的生理状态也要发生一定的改变，以适应各种环境和气候。因此，在不同的季节，饲养者要有所差别地细心呵护可卡犬。

◆春季管理要点

春季来临，天气变暖，可卡犬的各种生理活动和行为表现得旺盛和活跃。春季是犬发情、交配繁殖和换毛的季节，此时，要加强这些环节的管理。

加强种犬管理 犬在春季，其生理功能和行为会发生一些变化，发情母犬会到处乱走，此时要严加看管，防止其外出自由交配，造成品种退化。同时，要做好配种准备，为其物色合适的配种犬。

小心处理换毛 和人类一样，对可卡犬来说春天和秋天都是很舒适的季节。有御寒作用的密毛会在这个时候脱落并长出新毛。但是，如果没有用刷子或用梳子梳下尚未褪去的旧毛，一旦进入梅雨时期，会得皮肤病或湿疹。冬天过后可卡犬便开始进入活动期，食欲也变得旺盛，但是，若饮食过量容易导致消化不良。请切实遵守八分饱的原则。

做好预防注射　春天也是可卡犬容易生病的季节，除了犬瘟热、传染性肝炎、螺旋体疫等传染病之外，肠内的寄生虫感染及皮肤病等也经常发生。同时要注意对可卡犬进行狂犬病的预防接种。

春季被毛脱落，要勤加梳理

◆夏季管理要点

清洁最重要。刷毛是理所当然的，蚊子或跳蚤的驱除也须费心。

注意日晒、中暑　夏天是可卡犬最辛苦的季节，因为它的被毛又长又厚，长耳覆盖且脚底没有汗腺，只能借助呼吸来排出体内的热量，所以呼吸更显得急促，散热显得困难，较易中暑。夏季应将置于户外的狗屋移至通风凉爽的地方。应避免烈日下的活动，在早晚凉快时运动。

预防蚊虫　夏天是蚊子和跳蚤活动的季节。户外的狗屋须喷洒除虫剂或准备防蚊用的蚊香。蚊子会传染犬丝虫症，而跳蚤会引起皮肤炎。为预防犬丝虫症，可每月服用一次药。

生病会引起食欲不振　人在夏天时会没有食欲，可卡犬在夏天食量也会减少。为了补充脂肪燃烧所流失的热量，皮下脂肪会逐渐地减少而变瘦。如果狗还很健康，就不必担心。若有过度食欲不振的现象，最好带去医院做寄生虫感染的检查。

预防食物中毒　夏天，犬的食物易发霉变质，易导致食物中毒。因此，食物最好是经加热后放凉的新鲜食物，每次量适当，不应有剩余。对发霉的食物应坚决倒掉。

夏天清洁最重要 每天的刷毛是不可或缺的。刷毛时需顺便检查皮肤的状况。对于体臭重的可卡犬,最好每天洗澡,并且使用药用肥皂。但是,当身体状况不佳时,请尽量减少刷毛或洗澡的次数。

◆秋季管理要点

秋天最需做的事情是恢复狗狗的体力,它是为即将来临的冬季作准备的季节。

恢复已消耗的体力 秋天是可卡犬最喜爱的季节。食欲变佳,但是,不要忘记让它做运动以免肥胖。同时,秋天的气候变化剧烈,常会出现类似夏天时的疲倦,请务必注意你的狗是否感冒或感染了胃肠方面的疾病。犬瘟热的初期症状和感冒很相似,容易造成误判,如果有发烧、咳嗽或下痢等症状出现时,最好带给兽医诊断。

修整覆毛 这是为了做好过冬的准备,因酷暑及食欲不振会导致营养不足,营养不足又会使覆毛失去光泽,为使失去光泽的覆毛恢复原状,秋天时须花点心思在刷毛上。由于冬天洗澡次数减少,所以须于秋天时

秋季要加强营养储备

多次冲洗，这样可以活化毛发以便冬天长新毛。

彻底消毒狗屋 户外的狗屋须彻底清掉，清除跳蚤、虱子和虱子的幼虫。涤虫病和食物无关，它会借由狗身上的跳蚤、虱子寄生在肠内。天气转凉后，人们会懒于清扫狗屋，所以秋天当天气放晴时是最适合的清扫日。

◆冬季管理要点

冬天是培养强壮狗狗的最好时机，但是不可和野生时代一样太过勉强，管理重点应放在保暖防寒，增强体质上。

注意保暖防寒 冬天气温下降，犬易因受冷空气袭击，或因管理不当，不注意防寒，运动后被雨淋风吹以及犬舍潮湿等而引起感冒，严重的会继发气管炎、肺炎等呼吸道疾病。因此，加强防寒保温，加厚垫褥，并及时更换，保持干燥，防止贼风等措施十分必要。

注意老年狗的照顾 上了年纪的可卡犬，会由于四肢关节酸痛而引发神经病。所以，冬天时请将狗屋移至玄关口，以免遭淋湿而导致感冒，进而引起严重的疾病。

适当的锻炼 冬天散步每天一次即可，天气寒冷时狗比人更不愿出门。但是，可别忘了出门散步。在天晴日暖时，加强户外运动，以增强体质，提高抗病能力。晒太阳不仅可以取暖，阳光中的紫外线还有杀菌消毒

冬季也应带它外出活动

的功效，并能促进钙质的吸收，有利于骨骼的生长发育，防止仔犬发生佝偻病。

呼吸系统的疾病增多 空气干燥的季节，最容易发生呼吸系统方面的疾病。支气管炎、肺炎、喉咙发炎等均需小心地预防。有发烧、流鼻水、咳嗽等症状出现时，请尽早看医生。为了使其有耐寒的体质，最好让可卡犬睡在无暖气设备的房间。

可卡犬的饮食管理

可卡犬需要适当的食物来维持其生长、工作和身体状况，要想拥有神采飞扬、被毛丰厚、皮肤光亮、体态匀称的可卡犬，必须依靠正确均衡的饮食。饲养可卡犬的原则与其他犬只一样，即使有少许差别，也只与某些特定营养成分的细节要求有关，所有的犬只都需要正确比例的营养成分，都应该遵循饮食上的一些规律。

◆狗食中的营养成分及作用

蛋白质的重要性 所有动物组织都有相对较高含量的蛋白质，因此狗在饮食中需要有不断供应的蛋白质，以维持自身和用于发育成长。蛋白质的基本元素是氨基酸，蛋白质大约含有 25 种氨基酸，其中有 10 种不能由其他方面合成。为了要取得足够的氨基酸，身体对饮食性蛋白质的需求很高。意外的是，身为肉食动物的狗对蛋白质的消化能力却是可变的。虽然多数的内脏和鲜肉有 90% ~ 95% 能被消化，但狗只能消化 60% ~ 80% 的植物性蛋白质。过多而不能消化的植物性蛋白质会引起腹痛甚至腹泻。

脂肪的重要性 脂肪是以甘油三酸酯的分子形式存在于饮食中的，

甘油三酸酯基本上是由三个脂肪酸联结而成。有些脂肪酸对狗十分重要，缺乏会使狗的皮肤发痒，并可能导致为带皮屑的粗糙而干的毛皮，和引起耳部感染；缺乏脂肪酸还会使狗变得迟钝和神经质。除了新陈代谢程序中不可或缺之外，脂肪还是狗的重要能量来源。如果狗能从脂肪中得到其能量的大部分，蛋白质的摄取就可以减少，从而降低对肝脏和肾脏的要求。脂肪能使食物更合狗的胃口，它还是可溶性维生素的重要机体。对健康的成年狗来说，各种脂肪实际上100%可以消化，甚至小狗也能有效地消化它们。

碳水化合物的重要性　这里面包括各种糖、淀粉和植物性纤维物质，结构最简单的糖最容易消化。成年狗无法消化乳糖，这种糖大部分存在于奶中(过量的奶会引起腹泻)，不过成年狗却能应付最平常的蔗糖。从一般狗食中所含的能量来比较碳水化合物含量，是很有趣的事。熟马铃薯、米饭和胡萝卜的碳水化合物含量非常高，其次是干狗食调制品和全麦面包。全肉罐头、鲜肉和鱼不含来自碳水化合物的能量，但肉、谷类罐头狗食和全干燥食品分别含有30%～50%和40%～50%的碳水化合物能量。

维生素的重要性　以前曾经发现很多狗有维生素失调症的情形，但目前已很少见，这是因为精制狗食中已有均衡的维生素含量。对于那些需要额外数量的狗，市场上有极佳的补充剂出售。

钙和磷的重要性　某些矿物质对狗来说，需要量较大，其他的则只需微量就行。钙和磷关系密切，是狗饮食中最重要的两种矿物质，能把对维生素 D 的需求降至最低，而能达最适当的平衡。骨骼的形成和发育都需要钙和磷，小狗出生时这些元素的含量都相对较低，供应足够的量很重要，但不能过多，过量补充较大型品种的狗，可能导致骨骼畸形以及患软骨病之类的疾病。

纤维质的作用 高纤维饮食最近在人类的饮食中十分流行。纤维质对狗好处有多大呢？一般来说，狗饮食总量中的 5%应为纤维质(净重)。纤维质在几个方面很重要，因为它：

◆能加快肠子的蠕动速度，减少腹泻或肠胃胀气。

◆它既能加快食物通过消化道的速度，也能帮助消化。

◆吸收有毒的消化副产品，减轻肝脏新陈代谢的压力。

◆帮过度肥胖的狗狗减肥(有点像人类服用的减肥药丸)，用量为饮食量的 10%～15%。

◆帮助患糖尿病的狗进行饮食控制和减少葡萄糖的吸收。用量为饮食量的 10%～15%。

◆可卡犬的饮食标准

美国的 N•R•C(国家研究委员会)收集了所有有关狗食营养的数据，制定了狗的饮食营养标准，其具体指标见下页的表。

每种犬对营养的需求都会有所区别

可卡犬矿物质及维生素每日需求量

成分	饮食来源	在身体中的主要作用
蛋白质 4.8 克	动物蛋白和植物蛋白	维持身体及生长发育
脂肪 1.1 克	肉类食物	用于新陈代谢及贮存能量
钙 242 毫克	骨、奶、乳酪、面包	帮助骨和牙的形成，神经和肌肉功能，血液凝块
磷 198 毫克	骨、奶、乳酪、肉	帮助骨和牙的形成，外加新陈代谢中的许多作用
钾 132 毫克	肉、奶	水分平衡，神经功能
氯化钠 242 毫克	食盐、谷物	水分平衡
镁 8.8 毫克	谷物、绿色蔬菜、骨	骨和牙的成分，帮助蛋白质合成
铁 1.32 毫克	蛋、肉、面包、谷物、绿色蔬菜	血红蛋白的要求，呼吸和能量代谢都需要
铜 0.16 毫克	肉、骨	血红蛋白的成分，为铁的结合所需
锰 0.11 毫克	许多食物	牵涉到几种酶及脂肪的新陈代谢
锌 1.1 毫克	包括肉和谷物在内的许多食物	消化酶的要素，可能有助于组织修复
碘 2.42 微克	谷物、鱼、肉	与维生素 E 有关联
维生素 A110 国际单位	鱼肝油、奶、奶油、乳酪	同骨骼发育有关
维生素 D11 国际单位	鱼肝油、蛋、奶制品、肉	促进骨骼发育及增加钙的吸收
维生素 E1.11 国际单位	绿色蔬菜、谷物	帮助细胞膜功能
维生素 $B_1$22 微克	猪肉、内脏、全谷类、豌豆、蚕豆	碳水化合物新陈代谢有关各种功能中的辅酶
维生素 $B_2$48 微克	多数食物	与能量新陈代谢有关之酶的要素
泛酸 220 微克	多数食物	在能量利用中起主要作用
菸碱酸 250 毫克	肝脏、肉、谷物、豆类	与多方面新陈代谢之酶有关的要素
维生素 $B_6$22 微克	蔬菜、肉、谷物	氨基酸代谢
叶酸 4 微克	豆类、绿色蔬菜、麦	氨基酸代谢、血液
生物素 2.2 微克	肉、豆类、蔬菜	氨基酸代谢
维生素 B_{12}0.5 微克	肌肉、蛋、乳制品	碳的转移
胆素 26 微克	蛋黄、肝脏、谷、豆类	与脂肪的新陈代谢有关

◆饲喂专用犬粮

超市摆满了数不清品种的专用狗食，以罐装或袋装出售。专用犬粮有三种主要类型：干燥、半湿和罐装。

干燥狗食 尽管有这个名字，实际上仍含有约10%的水分。虽然所有的标签上都写着类似的营养学分析，但采用的原料各不相同，因此有些可能比其他更适口或更易消化。干燥狗食的优点是价格低廉，你可以节约不少经费。干燥狗食可大量购买以长期储存，不过保存时间过长时，可能会变质并丧失所含的维生素。干燥狗食较有胀饱感，对因饮食不当而肠胃不适的狗狗有帮助。但把稍多量的粪便从草地上清除掉可能会较麻烦些(虽然臭味要少些)。须注意的是，狗本来就容易喂食过多，而导致肥胖症。

半湿狗食 “适度潮湿”的狗食约含25%的水分，通常以模拟肉馅或肉块的形式提供给狗吃。半湿狗食常常比干食更能被狗主人所接受，因为看起来的确更像肉。半湿狗食是按平均喂食量包装，无需冷冻就能储存。半湿狗食较贵，但对习惯于吃鲜肉的狗狗来说，在难以买到鲜肉时，是很好的代用品。它的含糖量很高，对狗狗通常是不成问题，不过不适于患糖尿病的狗食用。

罐装狗食 对多数人来说，这可能是他们最熟悉的狗食类型，但许多人并不知道它们可分为两类，而且要用不同的方法来喂食。它们之中有些含有谷类成分，这属于完全的膳食；另一些则

专用犬粮营养更均衡

市面上有为保持狗狗漂亮外形的专用赛级狗粮

仅仅是肉，需要加上饼干才能成为均衡的食物。喂食之前一定要看清特定狗食的喂食方法。喂全肉狗食不加饼干是很花钱的，因为你得喂很多的食物才能使狗满足。而且，费用虽增加了，但并非表示在营养上得到均衡的膳食。每种狗食各有不同的配方，可能有些罐装狗食会要求配上不同分量的饼干，如果你的狗不吃饼干，可试用全餐型中的某一种。要注意的是，这种狗食虽然方便，但携带不易，并要用额外的储存空间（比起其他狗食来，你需要携带和储存更多的水分）。

市场上有各种风味的罐装狗食，适合大部分狗的爱好，但有些所含的成分不一定适合你的狗，甚至会引起腹泻。

另外，还能买到特制的狗食，其中包括质地优良的小狗食品，为过分挑剔的小型狗特制的适口性食物，也为有特定健康问题所制造的许多特殊处方膳食(兽医处有供应)。

◆可卡犬的日粮配制

犬在一昼夜内所采食的各种饲料的总量叫日粮。配制日粮时必须根据可卡犬的营养需要和各种饲料的营养成分，将各种饲料按一定比例混合在一起，使日粮营养全面、适口性好、饲喂方便。配制日粮应注意以下几方面：

营养全面　根据犬的生长情况，对营养的需要和消化生理特点以及各种饲料的营养成分合理搭配，分别取舍。先考虑满足蛋白质、脂肪、碳水化合物的需要，然后适当补充维生素和矿物质。

考虑食物的消化率　吃进体内的食物不等于能够全部被消化吸收

利用。如植物性蛋白质的消化率为80%，有20%是不能利用的。因此日粮中的各种营养物质含量应高于犬所需要的量。

讲究卫生 饲料要新鲜、清洁、易于消化，发霉变质的饲料不能用。

适当的加工处理 各种饲料饲喂前要经过一定的加工处理，以增加饲料的适口性，提高犬的食欲和饲料消化率，防止有害物质对犬的危害。

日粮配制是否合理 一般可根据可卡犬的体重变化和膘度来判断。膘度中等，体重稳定，食欲、繁殖、物质代谢、健康状况良好，证明日粮尚佳；如果犬消瘦，则说明日粮欠佳；如果犬过肥，说明日粮过多，应减量。此外，犬的食欲也是衡量日粮配制是否合理的重要指标。犬食欲恶化常是物质代谢失常的前兆，说明日粮配制不当或饲养上有欠缺。如果犬拒食，应检查日粮中饲料的质量，即有无霉烂变质等现象。

◆适当补充维生素和矿物质

大部分预先包装的狗食无需额外补充营养，除非狗正在复原、妊娠、哺乳和发育等。不过，新鲜饮食的确需要额外维生素和矿物质。家里做的膳食有固定补充剂，如果想喂狗牲畜肺脏、脾脏、心、肝、蛋、残羹剩饭、面包和蔬菜时，最好适量加入这种简单的补充剂。

专用维生素/矿物质补充剂 由于品牌繁多，最安全的办法是选用最有名的商标，切勿超过制造商标示的剂量。非经常性一次为期一个月的疗程，与一周一次的剂量相结合，对大多数的狗来说已足够了。

骨粉 提供宝贵的钙(30%)和磷(15%)，使用它能补充鲜肉中钙的不足。按上文所说的方法喂食。

自制犬粮需要有丰富的饲育经验

蛋 容易消化，是蛋白质的最好来源，但是生蛋白中含有抗生物素蛋白，它对维生素 B 和生物素有对抗性，会干扰消化。所以喂食蛋类时，应该先煮熟。

牛奶 牛奶是良好的蛋白质和钙的来源，不过许多成年狗缺乏消化乳糖(牛奶里的糖)所需的酶，因而可能会引起腹泻。

专家推荐

自制新鲜狗食，每千克可添加 2~3 茶匙骨粉、2000~3000 国际单位的维生素 A 200~300 国际单位的维生素 D。

植物油 某些植物油含有亚油酸(一种重要的脂肪酸)。当狗缺乏亚油酸时，毛皮会变得阴暗而难看。大部分预先包装好的狗食所提供的亚油酸要多于所要求的 1%，略超出一些不会有害处，特别是在脱毛开始之际。还有为狗提供的特制油类补充剂，另外还能使用玉米油和红花油。要记住油是一种脂肪，用量过多可能导致过度肥胖。对一只 10 千克的狗，每日玉米油用量为半茶匙，递增至 50 千克狗的两茶匙(用红花油时，量减为 1/3)。

鱼肝油 很好的维生素来源，但为了安全只能用极小量。一茶匙 5 克就能供应一只 50 千克重的狗一天的需求，这是对本来不含所需维生素的膳食而言。

酵母 酵母配制品含维生素 B 和某些矿物质。它对年龄较大的狗或肝脏弱的狗很有用，而且过量使用也很安全。

草本植物配制品 有许多都可以利用，如海藻药片，服用它是为了其中所含的碘。据说饮水碗里放硫磺块(为了“使血液变凉”)，能减轻如发痒之类的某些毛皮问题。

◆喂食方法与技巧

定时　定时饲喂可使可卡犬每到喂食时间其胃液分泌和胃肠蠕动会有规律地加强，这对犬的食欲、采食和消化吸收都大有好处，不易患消化道疾病。如果不定时饲喂，随时、随地、随手乱投食物给犬，破坏犬的这一生理规律，不但会影响犬的采食和消化吸收，还容易使犬患消化道疾病。一般情况下，每天早晚各喂一次比较合适。依据犬的习性，晚上可多喂一些。

定量　定量是指每天饲喂的饲料量要相对稳定，不可时多时少，防止吃不饱或暴饮暴食。但要注意可卡犬不同体形间的食量可能有很大的差异，这要靠饲养者自己的观察来确定。爱犬吃食时，如狼吞虎咽很快吃完，并还在舔食盆，这表示还未吃饱；如少吃或不吃，则应查明原因，采取措施。

定点　喂食的地点要相对固定，以防止犬因更换饲喂场所可能引起的拒食或食欲下降。如果你有一只以上的狗，那么每一只都应该有它自己的碗，并与别的狗隔开一小段距离喂食。不要让狗互相从别的狗碗里吃食，如果不加以避免，就可能导致以下的问题：吃“最大分额”的狗可能变得超重；胆怯的狗被排挤出去；有的狗可能需要给膳食补充剂；可能发生打斗；很难发现因疾病而不进食的狗。

食物温度　进食的最佳温度为40℃左右，过热过冷对可卡犬都不利。但炎热的夏天可给冷食，冬季则必须加温。食物超过50℃，可卡犬可能会拒食。

饮食卫生　饲料最好现制现吃，不过夜。霉变腐烂变质的饲料不能喂犬。喂食前后不宜让犬进行剧烈运动。犬的食具应定期消毒。饮水要清洁，以防止疾病的发生。

保持适宜的运动

可卡犬同许多单猎犬一样，精力充沛，需要大量的运动，若把它长期关在家中，就会扼杀其热情洋溢的天性，其作为猎犬的功能会渐渐退化。

适当的运动对犬健康有益。通过运动，促使新陈代谢旺盛，食欲增强，采食量增多，使犬体魄健壮，增强持久力和敏捷性，从而达到锻炼强身的目的。同时，养犬者在与犬一起运动、玩耍中，能增进人与犬之间的感情。

运动应在早晚进行。早晨空气新鲜、凉爽。晚上环境安静，没有干扰，不要在炎热的白天散步，以免强烈的阳光照射，引起中暑。

可卡犬每天都应有适当的运动，不能凭犬主人的意志随随便便，时而一日数次，时而数天运动一次。运动量视其年龄和不同的个体而异。如幼犬每天运动的路程以 3～4 千米为宜，而速度快的幼犬，每天应跑 8～10 千米左右。

在户外运动前，先让它自由活动数分钟以排便，运动中要保持正确的行走姿势，与主人保持适当的距离，纠正或前或后或左或右的行走习惯。外出运动时，应给犬带上牵引带。犬带系拴不宜过紧或过松，过紧会影响呼吸，过松易脱落，以有一定的自由度为宜。

应时常变换运动的路线，不要每天只按同一的固定路线活动。运动中应防止它用鼻子去嗅闻其他犬所留下的排泄物或其他物体，更不能让犬自由接触，也不要将犬带到人或其他犬聚集的场所，以防传染某些疾病。

可卡犬是游泳高手，夏季的游泳锻炼是很好的全身运动，可使犬体格发育匀称。开阔地的快速运动和飞越障碍，可使肩部的结构发育良好，促进胸部特别是前胸的发育。为了锻炼背部的肌肉和后躯的弹跳力，可以进行跳跃板壁障碍、高障碍、连续障碍等活动。

运动归来后，要给犬饮足清洁的水，用毛巾擦干全身，刷去灰尘。运动后不要立即喂食，至少要安静休息 30 分钟，不然容易发生呕吐。

第七章

可卡犬的修饰

可卡犬被毛长而浓密，很容易脏；耳朵长大被毛丰厚，也易滋生细菌，因此应定期为你的宝贝做全身清洁，定期修剪。

坚持每天梳理

可卡犬被毛易缠结，每天应坚持一次正常的梳理，外出后还要视情况补梳一次。

梳毛的顺序应按被毛排列和生长的方向，由头到尾，从上到下进行梳刷。从颈部到肩部，然后依次从背、胸、腰、腹、后躯，再刷到头部，最后梳四肢和尾部。梳完一侧再梳另一侧；先顺梳后逆梳，再顺梳，以便有效地除去被毛中夹存的沙粒、灰尘、皮屑和脱落的被毛。梳毛时不应用力过猛，以防伤及皮肤，应翻起底毛，一层层地梳，同时用一些稀释的护发素，再撒一些婴儿爽身粉。

可卡犬的被毛要随时梳理，否则易打结

刷毛则是保持被毛光泽、拔除废毛的重要一环，在换毛季节尤其重要。一般先梳毛后刷毛。刷拭时宜一刷接一刷，顺序同梳毛一样，遍及全身，不要满刷。如被毛很脏，可在被毛上涂擦洗发香波后梳刷；也可给犬洗澡后再梳刷。

定期洗浴

洗浴是清洁犬体表、防治体表寄生虫(药浴)、增大犬肺活量的一种手段。根据不同情况，洗浴方法可分干洗和湿洗两种。

干洗 6个月前的可卡犬不特别脏时不宜用水洗澡（湿洗），这是因为幼犬抵抗力弱，呼吸系统易受感染，易患感冒或肺炎，所以应干洗。干洗的另一个主要原因是湿洗会影响犬毛的生长量，也会影响犬的毛色和毛质，不宜太频繁湿洗。干洗不用水，而是用干洗毛粉撒在犬毛上，隔15~30分钟后全部擦去，而且要向上擦，注意勿让粉末进入眼眶和鼻孔，以免犬吸入。洗毛剂含有吸收性物质，如滑石粉、硼酸、温和的碱性物质，可清除多余的油脂和污垢，还有爽身、使毛干爽的作用。凡是浅色毛如黑白花、奶油色可卡犬皆宜干洗。当犬毛太脏或油质过多时，则不宜干洗。

湿洗 当被毛非常脏时，可采用湿洗。湿洗的水温应为30~40℃。犬初次洗澡要循循诱导，不可强行进行，否则，以后给犬洗澡时犬均会极力挣扎。犬入水后，先用水轻轻洒在其身上，待它平静后，再擦洗皮毛。被毛浸湿后，涂抹犬专用香波加以搓洗，最后用温清水将香波冲净，然后尽快用干毛巾擦干，距半米左右用电吹风把毛吹干，并应注意把被毛梳起吹干毛根部。绝不能让犬晒太阳或让被毛自然干，以免引起感冒。吹干后须梳理被毛。此外，湿洗时应注意以下几点：

第一：洗澡前用棉花球塞住犬的双耳，以防污水和清洁剂流进耳内。棉花球要大些，以便洗完澡后容易取出。洗澡时，可事先将两滴温和的橄榄油、眼药水滴入犬的眼角，防止洗发水刺激犬的双眼。

应选犬用沐浴剂洗澡

第二：冬季洗澡时切勿用冷水，水温宜在40℃左右。水温也不宜太高，以免刺激皮肤，损害皮毛。

第三：可卡犬不能洗擦过分，以避免被毛打结或脱落。

保持眼睛洁净

可卡犬的眼球较大，泪腺分泌较多，常从眼内流出大量泪液，使得眼角下被毛变色，因此要经常检查犬的眼睛。当犬患上某些传染病，特别是患有眼病时，常引起眼睑红肿，眼角内存积有多量黏液或脓性分泌物，这时要对眼睛精心治疗和护理。方法是用2%硼酸棉球由眼内角向外轻轻擦拭，不能在眼睛上来回擦拭，一个棉球不够，可再换一个，直到将眼睛擦洗干净为止。擦洗完后，再给犬眼内滴入眼药水或眼药膏，以消除炎症。

若眼常流泪，极易污染眼下被毛

注意耳道清洁

长长的耳朵极易引发炎症

犬的耳道里面容易积聚蜡质、尘埃、污垢和水分，特别是可卡犬的耳朵盖住了耳道，里面的空气不易流通，易积湿气，从而引来耳虱和细菌，进而瘙痒甚至发炎。因此，清洁耳道十分重要。

清洁耳道时，将犬放在台上或高处，在他人的帮助下，一手拉起犬的外耳，侧转犬头，使耳孔微微向上；助手一手握紧犬嘴，小心地将温橄榄油滴入耳道，用手指轻轻按摩耳朵下方，使耳垢松弛；再用棉签抹去多余的油，并小心地把耳垢挖出来，最后滴进一些耳药水。也可无需滴油，而直接用酒精浸湿棉签，来抹除耳垢和污渍。

如果犬耳内有异味，这可能是耳内长有寄生虫，叮咬耳壁造成发炎感染，积累的脓血发出异臭；也可能是耳朵受到一种寄生菌感染，发出一股如水果霉烂时的甜酸味。如果情况严重，自己无法处理的，最好把犬带到宠物医院进行检查和医治。

及时修剪趾甲

过长的趾甲会劈裂，易造成局部感染；此外，犬的拇趾已退化，脚内侧稍上方位置还长有飞趾，俗称"狼爪"，它是纯属多余的退化物，妨碍犬行走，也容易使犬刮伤自己。因此，要定期地给犬修剪趾甲。

犬的趾甲非常坚硬，应使用一种特制的犬猫专用趾爪剪进行修剪。

对退化了的“狼爪”，应在幼犬出生后2~3周内请兽医切除，只须缝一针，即可免除后患。日常的趾甲修剪法，除使用专用趾爪剪外，最好在洗澡时待趾甲浸软后再剪。但应注意，每一趾爪的基部均有血管神经，因此修剪时不能剪得太多太深，一般只剪除爪的1/3左右，并应锉平整，防止造成损伤。如剪后发现犬行动异常，要仔细检查其趾部，检查有无出血和破损，若有破损，可涂擦碘酒。除剪趾甲外，还要检查脚枕有无外伤。另外，对趾爪和脚枕附近的毛，应经常剪短，以防滑倒。

美国可卡犬被毛修剪

美国可卡犬那漂亮飘逸的被毛，在为人们带来感官享受的同时，也带来了护理上的烦恼，主人需要定期为它修剪被毛。美国可卡犬被毛的修剪有着较为严格的要求，修剪必须按照规定，充分体现其犬种特征及其标准，将其优点最完美地体现出来。因此，如果犬主不是太熟练，最好交由专业的宠物美容店来修剪。下面将详细介绍美国可卡犬参展犬的修剪过程。

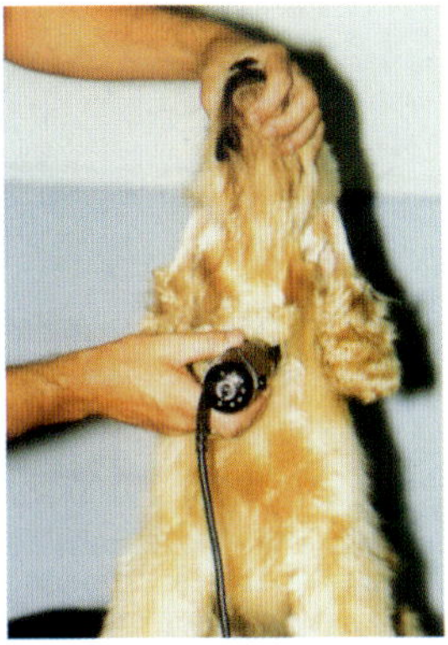

A 粗剪，吹干，留下喉咙较敏感区用15号剪刀，从喉咙下面开始剪，要剪成倒“V”字形状。

B 用15号剪刀，从喉咙下面开始剪(此时犬可能感觉不太习惯)，因它颈前面的毛较窄。

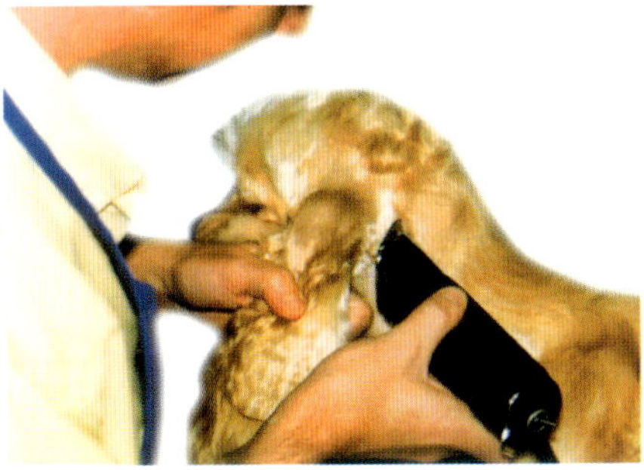

C 剪耳毛时，若犬的头盖骨较宽，就应将头部的毛留长点，让毛垂下来，这样使头盖骨显得窄些，耳朵显得低一些。

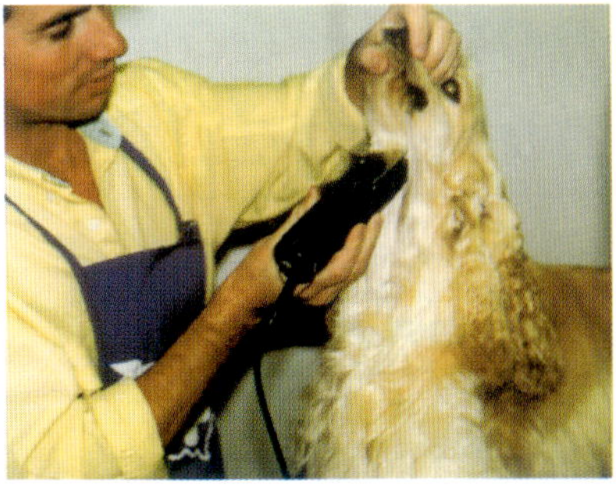

D 用10号剪一点一点的剪口鼻部分，为了使犬好看些，将口鼻部分的毛剪得窄一些。

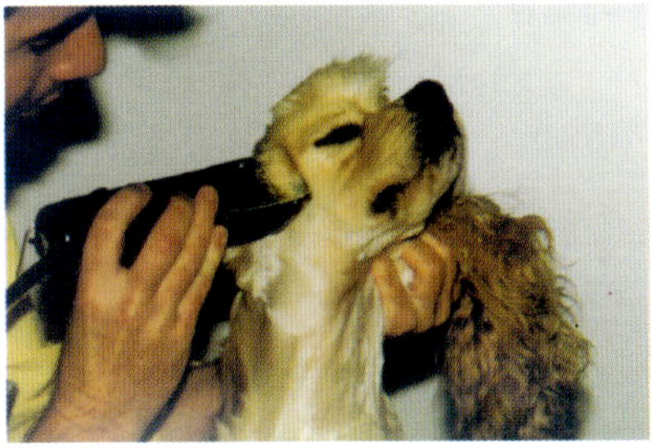

E 用10号剪一点点的剪两边，剪后使口鼻部分看上去显得窄一些。

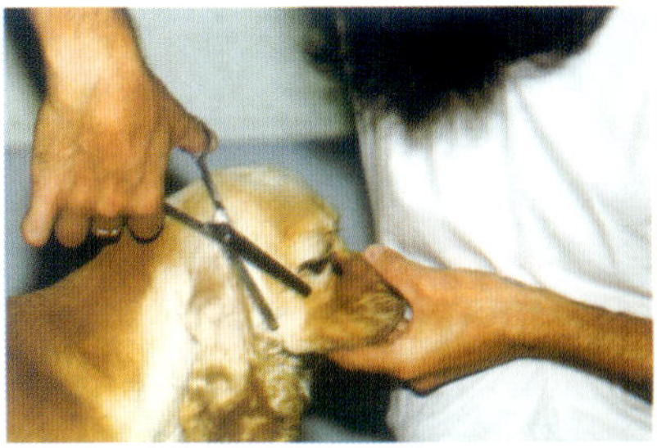

F 用5号或6号剪刀顺着眼眶剪成半月形状。

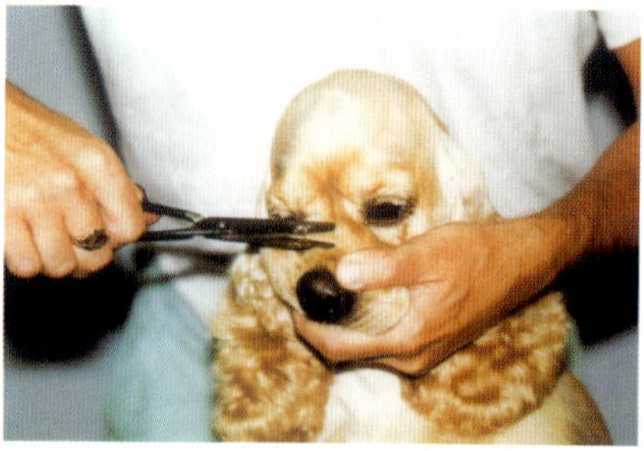

G 剪犬鼻上的毛时，要反向剪，在转弯处结束。

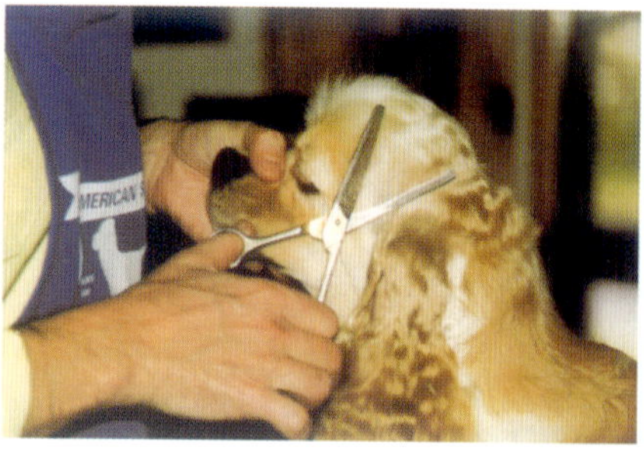

H 用单边薄剃刀，将犬头顶毛与头两边毛修剪得完美协调，要尽量剪成圆拱形，不要使头显得偏扁。

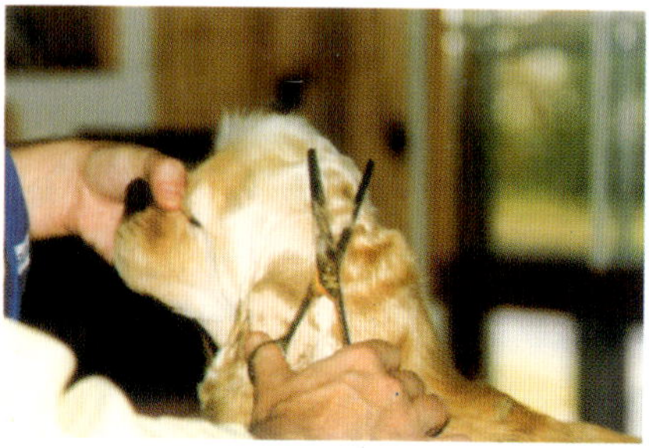

I 如果犬的头骨突出，就应将紧挨犬脖子的地方的毛修剪得浅点，注意颈毛要修剪成弧形。

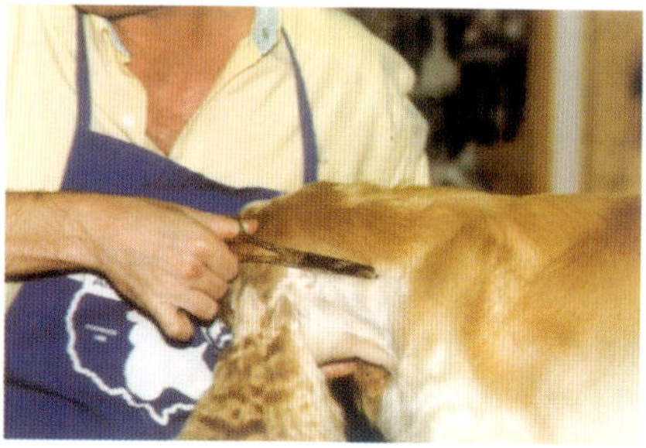

J 为了将犬脖子两边的毛修剪得与先前修剪过的毛相协调，就应该记住把颈上方的毛修剪得比两边的毛长些，这样才能充分体现犬的轮廓。

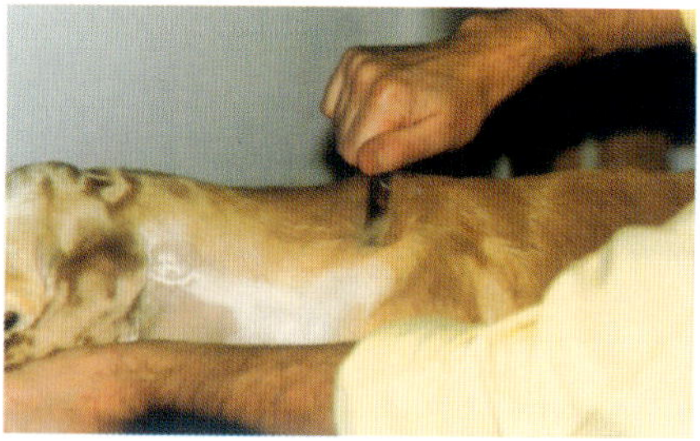

K 许多轮廓很好的犬，在修剪背部时，由于修剪时的疏忽而出现凹凸不平。因此在修剪时应抓紧犬的颈部，从颈到尾一点一点的修剪。如果没有剪刀，用薄剃刀也可。

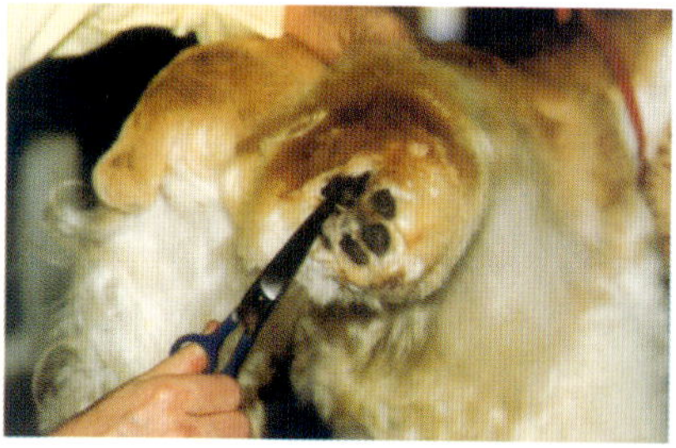

L 修剪犬腿部的毛时，先梳理腿部周围的毛，用直剪剪去肉垫上所有的毛，再梳理一次腿上的毛，然后在犬爪周围用弯形剪子剪一圈。

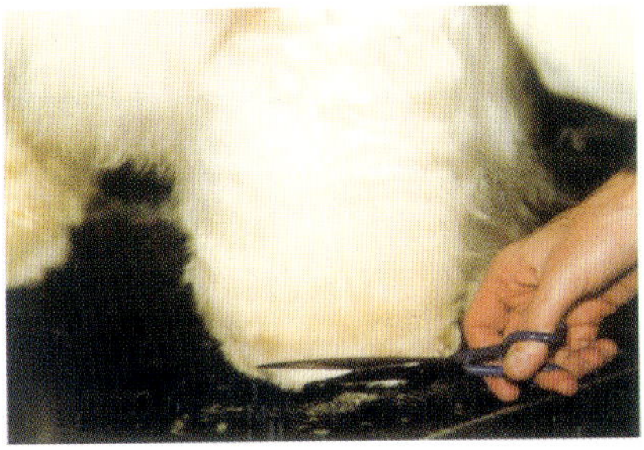

M 剪掉紧挨肉垫上第一圈毛，或将犬爪周围垂下的毛剪短，便于外出。处理垂下的毛时，从 45°角去修剪，如果犬腿短，就把腿上的毛全部修剪过，就会使犬显得高点。

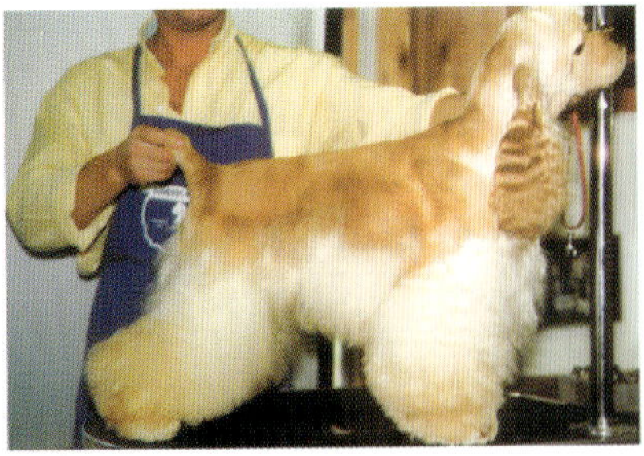

N 不要因为周围环境的冷热，就让犬的腹部的毛看起来显得乱七八糟的，应常给犬修剪被毛，让犬的轮廓真正显示出来。看，现在它多漂亮！

英国可卡犬被毛修剪

英国可卡犬黑白相间的红棕色毛像美国可卡犬那样非常丰盈，尽管如此，它所采用的美容方法却更像英国激飞猎犬。若毛色为黑白相间，参展前一天修饰即可。但若为红、橙相间或其他浅色系，处理起来就要费事多了。当然这只是对参展而言，对普通的宠物美容师来说，没有时间上的严格限制。对完美主义者来说，使用大剪毛剪修饰对英国可卡犬背部是最大的忌讳，仅用 7 号刀片的奥斯特剪刀就足够了。对一些有皮肤病的犬须选用精细刀片并要特别留心，7 号刀片同样适用于那些前腿被毛丰盈（甚至严重卷曲）的犬。由于毛质地纹理上的差异，有些英国可卡犬被毛需要剪短，而有些则无须修剪。

参加展示的犬，应手工采毛，这样能保持毛发的质量。用左手拇指和食指捏住犬的皮肤，用右手拇指和食指拔去多余的长毛。用针式刷将犬毛刷一遍。用中齿梳梳理，去除缠结，必要时用解结器。

参展犬跗关节周围的丛毛应该修剪成形。最好用采毛方式，因为采毛相对容易并且看起来更自然。丛毛应该刚刚到达趾关节，向下逐渐减少，也不要留下不剪，穿了灯笼裤。跗关节到肉趾要修剪成形，跗关节处不要修剪的太贴身，否则像纺锤形就很难看。跗关节顶部上面的丛毛也

要修剪成形。

尾根部毛发应浓密，尾梢应尖细。彻底梳理尾部，拔除尾部多余的毛发，让尾面整洁圆滑，尾巴的内侧没有过于浓密的丛毛。尾部的丛毛应像腿部的丛毛一样浓密，让全身的毛发和谐自然。修剪尾部，把尾巴内侧剪干净。

修整从跗关节到足部的毛。足趾修饰成圆形，达到毛发平整且紧凑的效果。去除足下肉趾间任何多余的毛发。凌乱的毛发应拔除，但不要拔除太多否则既难看也不符合展示要求。

最后可用柔软的鹿皮抛光使毛发更健康，更添光彩。

如果作为宠物犬可以把它们的毛发剪短，可用 10 号剪修剪下部，与肘下、腹部、股内侧和尾巴浑然一体。打薄剪经常用于疏毛和使毛发变得平坦。宠物犬足趾之间的毛发常常大量缠结并弄得很脏，这易引起皮肤问题，可剪掉。

第八章

可卡犬的训练

可卡犬 2～3 个月就可进行训练了。此时进行良好的训练，可不同程度地改善其神经类型和体形外貌，培养良好的行为特征。

随行训练

随行训练是让它根据你的指挥，靠近你的左侧并排前进，并保持在行进中不超前、不落后的正确姿势。训练时，先在清静平坦的环境令犬游散一会儿，用左手拉住牵引带，唤犬名引起犬的注意，在发出口令“靠”的同时，用左手把牵引带向前拉，以较快的步伐前进，每次行走 100 米左右。当犬出现超前或落后时，立即发出“靠”的口令给予纠正，并拉牵引带一次，给犬以刺激。为了形成犬对手势条件的反射，可用右手拉着牵引带，并放长些，当犬一旦脱离正确位置时，在发出“靠”的口令的同时，用左手拍一下自己的左大腿，这样反复多次训练，即可形成条件反射。当犬能不用牵引带而根据口令正确地随行时，可进行变换速度、方向的训练及较复杂环境中的训练。当犬受到新异刺激不执行口令时，即向它发出威胁音调的口令，并配合以猛拉牵引带的刺激来纠正。

前来训练

前来是犬根据你的手势和口令，顺从地来到你左侧坐下的能力。训练时，先唤犬名以引起犬的注意，然后发出口令“来”，右手做来的手势，左手向左侧平伸，随即自然放下，同时左手拉训练绳并向后退，以使犬前来，当犬来到你面前时，应及时奖励，这样经过多次训练，犬即可按口令前来。在初期训练时，在施口令的同时应拉扯牵引带施以机械刺激。

但应注意，有的犬往往听到口令或看到手势而不来，此时主人一定要耐心，想法采取一切足以使犬兴奋的动作，如后退、拍手和向相反方向急跑等，促使犬前来，切不能突然地去抓犬或追捉，否则会使犬受到影响。有的犬受到新异刺激后，不但不来，反而到处乱跑。此时应抓住训练绳，并用威胁口令，右手做前来的姿势，令犬前来，当犬来到身边时，应及时奖励。

站立训练

站立

站立是培养犬根据指挥迅速做出站立动作，并具有站立延缓能力，以便于管理和使用。

首先，培养犬对“立”的口令形成条件反射。犬主将犬带到较清静而平坦的地点，右臂自然地由下而上向前平伸，掌心向上，令犬坐下。犬主右手握住犬的脖圈，左手伸向犬的后腹部，在发出“立”的口令同时向上一托，使犬站立起来，当犬站立后，应及时给予奖励。如此反复训练，直至犬能做到一令一动为止，以后的训练可结合手势并逐渐延伸指挥距离。

接着培养犬站立延缓的能力。其方法是：令犬坐下，犬主距犬一步远，以口令和手势指挥犬站立，如犬不立，可使用威胁音调发出口令，并伴以机械刺激。直至犬能离犬主 20 米以上站立并延缓 5 分钟左右，本科目就算达到要求。

另外须注意以下几点：一是站立科目应单独训练，不要与坐、卧联系起来，以免产生泛化现象；二是训练初期，不要令犬前来而破坏了动作，可回到犬身边进行奖励；三是当犬出现站立后向前走动的毛病时，犬主应立即把犬拉回原来的位置，并适当降低要求，不能迁就犬，以免产生不良联系。

坐下训练

训练时犬主用左手握住牵引带，将犬引导至自己对面，让犬站在主人左侧，接着发出口令“坐”，同时用右手上提牵引带，左手按压犬的腰部，迫使犬坐下，当犬坐下后，立即给予奖励，通过反复训练后，犬就能养成坐下的动作。

训练初期只要犬能在 5～10 秒钟内坐着不动，就应立即奖励，以后逐渐延长时间，采取边巩固边提高的办法，达到 3～5 分钟。在培养坐姿延缓的同时，要逐渐延长与犬主的距离，直至离犬 20 米以外隐藏起来仍能坐着不动。

衔取训练

衔取是鉴别、追踪搜索“猎物”的基础，培养犬听指挥将物品衔取交给犬主的能力。

可卡犬有一种先天的本能——衔取。这可以追溯到犬还没有被训练的野生时代，那时犬为了生存，必须将其他野鸟的尸体运回洞穴。这种先天的本能一直遗传，发展到现在驯化的犬，因此犬能衔取并运送各种不同的物品。

训练前，应给犬系上一根又长又牢的训练绳。令犬侧坐，扔出物品，衔取物一般采用犬较喜欢的碰铃，有时也选用一块木头或手套，或一些类似物。下令“衔”，口令的音调富于启发性，这时你要握住训练绳的一头，让犬冲向衔取物，并衔起来。当犬衔好以后，轻轻地拽训练绳，引导犬回来，同时你要向后退。当犬接近你的时候，你可以突然停在犬正前方，下令“坐”。让犬再衔一会儿，注意犬衔物的动作。下令“吐”，用两只手从犬嘴里接下衔取物，注意要用一只手握衔取物的一端。

下一步就是摘掉训练绳，令犬侧坐，将物品扔到十步以外，下令“衔”。让犬听从命令将物品衔来在你的对面坐下。必须牢牢记住：在令犬吐下物品以前要让犬衔一会儿。犬吐下衔取物以后再过一会儿才能令犬侧坐。不要忘了奖励犬。

当然，还可能会出现一些问题，如犬衔着物品向你走来，但不靠近你，在离你还有一段距离时拒绝向前走。若出现这种情况，你就立即向后退，鼓励犬向前走。若犬将物品吐在你的脚下，你须重新将物品放到犬的嘴巴里，同时下令“衔住”。

在衔取训练中，必须十分小心，以防产生不良联系。你惩罚犬乱吐物品，它会认为你是处罚衔取这个动作，而不会理解为乱吐的行为。因此在整个衔取训练中，惩罚只会带来相反的效果。

跳越栅栏架

首先是让犬站在栅栏架的一边，然后指挥犬跳过栅栏架，犬跳过去以后仍要保持站立的位置。你再走到犬身边，将犬牵走，口令是："跳"。

训练时应首先令犬侧坐，给犬系上训练绳。栅栏架的高度一开始训练一般以 0.3 米高为宜。开始训练时，你要与犬一起跳过去。一般是你先跳，同时下口令"跳"，再牵引犬跳过去。接近木架时的速度不要太快，否则，在越过障碍前犬就冲上去而自己碰伤自己。犬通过障碍后要很好地给予奖励。过一会儿，再重复此项训练。对此科目，犬在初期极易疲劳。因此，你有必要在犬跳跃 4～5 次以后休息一下。每天要进行几次训练，以增强犬的体质。

跳越栅栏架

当犬毫无困难地越过较低的栅栏时，就可以增加栅栏架的高度了。持牵引带的方式以不妨碍犬的前进为准，因此不要拉得太紧。当犬越过栅栏以后不要忘记奖励。在犬跳过栅栏架以后要令犬站在原地，立好，等待带走。

以后可以渐渐地增加栅栏的高度，直到犬能跳过合适的高度为止。最终的高度根据犬的体力以及自己的直感而定。当犬能较容易地跳过栅栏，牵引带就可以去掉了，但是不要毫无把握地过早摘除。摘除牵引带的训练要在你确实有把握时再干。必须记住：在犬跳越栅栏前要下口令"跳"，犬跳过去以后，须令犬站立在原地，然后你前去系上牵引带，引犬随行离开，这才完成了这个训练。

通过栅栏群

栅栏架群这种器材是由许多非常低的栅栏组成，犬将以穿越的方式从上面跳过去。口令是"过"，与前一个科目一样，犬从上面蹿过去以后，须站立在原地。训练开始时，引犬来到栅栏架群前站定，命令或引导犬跳越。当你与犬一起通过或令犬通过时，你不能跨在第一个栅栏架上。当犬跳过去以后，仍须保持站立，你走上前去，引犬随行下，结束训练。

通过栅栏群

训练开始时应给犬系上训练绳，跳跃的距离不应过长(栅栏架的件数少一些)，其长度依犬的体型与体力而定。对于供可卡犬跳跃的栅栏架排列以 0.8 米为宜，栅栏架的高度也可以在 0.2～0.3 米之间。

当你领犬来到障碍跟前，下令“过”，同时鼓励犬跳越，一定要使牵引带完全松弛，如太紧会妨碍犬前进，也会使犬跳不到栅栏架的那边。若犬跳得很顺利，要给予充分奖励。然后令犬站在障碍的那边，过一会儿，上前让犬侧靠。如果犬跳越有困难的话，可再试一次，这次要有较长的助跑。若再次失败，则需要缩短栅栏架群的长度，重新训练。

随着训练的继续，逐渐地增加栅栏架的数目，直到估计快要失败为止。可卡犬是相当敏捷的，而对于犬能跳越实际距离可凭你的直感而定。

当你用牵引带引导犬顺利跳越时，可以摘去牵引带，重新投入训练。继续与犬一起跑向栅栏架群，停在起跳的位置，以后就与先前的训练一样的方式进行、结束。

犬摘掉牵引带而不费力地穿越栅栏架群，你就可以在栅栏架的侧面跳，同时令犬跳。无论你带犬跳还是引犬向前跳，你都必须在犬跳过去以后，以随行的方式离开。以熟练的有规律的方法训练以及在训练中要有必要的控制，在所有的训练中都是相当重要的。

通常犬能借助于弹跳力越过栅栏架群，但可能碰到其中一个栅栏，换句话说，就是犬跳得不够高。如果出现这种情况，你可以提高栅栏群中间一个栅栏的高度。这不仅可以提高犬跳跃的高度，而且可以延长犬穿越的长度。

在犬疲劳和厌倦之前就应中止训练，一般在进行 4～5 次跳越以后，就应中止训练或改训其他的科目。

穿越其他障碍训练

板壁 将呈 90° 角的两块大木板竖起地面，形成三角形，使狗上下坡。练习时，可以从坡度较小的板壁开始练习。两块木板都在距离地面 106 厘米的部分涂上红色，在上下坡时，如果没有踩到该接触点，就会被扣分。宽 115 厘米，长 270 ~ 320 厘米，高 170 ~ 190 厘米。

蛇行道 在排成一列的栏杆之间蛇行。栏杆的高度为 100 厘米，间隔 50 ~ 65 厘米，根数为 8、10、12 根。

穿越轮胎

步道桥 将三块狭窄的木板组合成步道桥，使狗在上面走过，桥上也有接触点。高 120 ~ 135 厘米，长 360 ~ 420 厘米。

轮胎 用 4 个螺丝将轮胎固定，狗必须跳跃穿过轮胎中间。轮胎直径 38 ~ 60 厘米。

跷跷板 站在跷跷板的一端，从另一端走下来，有接触点。宽 30 ~ 40 厘米，高 60 ~ 70 厘米，长 365 ~ 425 厘米。

桌子 跳上正方形的桌子，做趴下或等一下的动作 5 秒钟。长宽 90 ~ 120 厘米，高 75 厘米。

狩猎训练

该科目的训练，应在犬具备衔取能力的基础上进行。

第一步 培养犬在跑动的情况下，把空中的物品衔住。犬主先不断地向上垂直抛起物品，在物品没落地前令犬“衔”，使犬在跑动中跳跃起来把空中的物品衔住。

第二步 培养犬通过嗅认气味把隐蔽的物品衔回来。犬主把物品在犬跟前略作逗引，再把物品隐藏在草丛中，然后令犬前去衔取。此时，只要犬主不断下“衔”的口令，犬便会通过嗅认物品的气味把物品衔回。

第三步 培养犬的胆量，使犬熟悉枪支，并不怕枪声。训练时，先燃放鞭炮来锻炼犬，再进行鸣枪锻炼。燃放鞭炮和鸣枪应由远及近，声音由小到大，使犬逐渐适应。

第四步 到野外找一块有树木、草丛的平坦地面，犬主手持无弹头的猎枪，令犬坐在左侧。由助训员把假设猎物(电动玩具兔子)开启，放在距犬主 30 米左右的地方，犬主预先发出“注意”的口令。一旦假设猎物进入视线，犬主扣动扳机，下口令“猎”，并用手指向假设猎物，由犬去把假设猎物衔回，或犬主跑步带犬前去把假设猎物衔住，然后奖励犬。

第五步 把假设猎物沾上野兽的血迹气味，先让犬嗅闻熟悉。然后，请助训员预先躲在草丛树木中，待犬主带犬前来后，将假设猎物水平抛出或向上抛起，此时犬主及时扣动扳机，令犬“猎”。犬将假设猎物衔回后，及时奖励(奖励的食物最好是野兽肉)。

第六步 带犬实战。由于猎物是犬的先天本能，犬主带犬外出狩猎，只要成功一次，犬的狩猎能力就可以基本形成了。

在狩猎的训练中要注意以下三点：一是训练中应防止犬撕咬假设猎物，以免实战时犬撕咬猎物；同时，假设猎物的品种和出现方式也要经常变换。二是若假设猎物抛在草丛中犬一时未找到时，犬主应下“猎”、“嗅嗅”的口令，并不断引导犬前去寻找。三是每次实战成功后，应及时奖励，并在犬食中加入兽肉，以强化犬对兽肉的兴奋性。

第九章

可卡犬的繁殖

深入认识和了解可卡犬的特点与规律，实施科学繁殖，是获得血统纯正、品质优秀的可卡犬的保证。

繁殖方法

遗传学是一门艰深而没有特定法则可循的学问，我们无法全面掌握，但我们也应了解血统方面的遗传知识，掌握繁殖方法。可卡犬的育种繁殖是一项长期的工程，要想获得品质优秀的犬只，需要许多的努力和耐心才能达成。

◆近亲繁殖法

近亲繁殖法是指血缘有关系的父女、母子、兄妹、姊弟等直系血亲的交配繁殖。采用近亲繁殖是希望父母犬方面优秀的禀性会在子女的身上重视，但较好的交配法是父配女、祖父配孙女、叔伯配侄女、异母兄弟配异母姊妹等。

近亲繁殖法培育成功时会强化优点，但培育不成功时，双方缺点的强化也是双倍的。因此做近亲繁殖时一定要确定双方在遗传上没有重大缺点才行，否则生下的仔犬会有许多缺陷。如果采用近亲繁殖法成功地繁育出一只极优秀的母犬，则还可再做一次近亲交配，但此时更应该严格筛检小犬，择优汰劣选出最优秀的一只，然后应改用系统繁殖，来定型已强化的优点。这样所繁殖出来的仔犬血统中含有非常多“优性基因”，则必可成为很好的种犬。

但使用近亲繁殖法也是非常冒险，因为一些遗传性不良体型或特殊疾病的基因大多数都呈隐性。往往显性遗传基因和隐性遗传基因配合成对，但犬只本身却只显现隐性基因。若它们之间近亲繁殖，则他们的仔犬中将有一定比例会带有全为这种隐性遗传缺陷，例如隐睾、不正咬合等。

近亲繁殖会让优者更优

◆系统繁殖法

系统繁殖法是指在公母双方四或五代的血系中，有一只以上的相同祖先犬，而在双亲及三代内，并无同一只犬重复出现，这样的方式就是系统繁殖法。它是一种程度较轻的近亲繁殖，一般繁殖者都喜欢采用这种方式，因为它不必冒近亲配种带来的危险，又可获得近亲繁殖的良好效果。

系统繁殖是指轻度的近亲繁殖

采用系统繁殖法时，应事先了解公母犬上 5～7 代的血统，这有绝对的参考价值，我们可以从这些血统中研究出要配对的母犬前三代的血统基础。假如在预备配对的种犬的祖先中，不断出现相同的杰出祖犬，虽然在代数上不尽相同，也可以把它们作繁殖倾向的指标。

一般来说，利用系统繁殖法，繁殖出优秀仔犬的比例相当大，因为在繁殖时我们依据血统，大致可以推断出公母犬的遗传倾向，而加以善用，则其祖先犬优秀的特质将可能重现。

◆异系繁殖法

异系繁殖法就是欲交配的公母犬双方在前五代的血统中没有一点血缘关系，而完全引进本身所没有的新血统。当某一系统的缺点被强化且在后来的改良中一直无法突破消除时，若另一血统都没有这种缺点，而原来的血系又有精密的血统组合时，则可以将此血统纳入而寻求改良。我们将改良后的第一代仔犬称为 A，通常必须汰劣留优，然后用 A 中优秀的仔犬来交配原来的血系，但原血系却必须挑选从未繁殖出带有这种缺陷者才成。如果 A 中的仔犬不配回原系原则而继续做异系繁殖，则所生出来的第二代 B 仔犬产生劣犬的比例将大为提高，这是因为它们的基因库已被干扰得乱七八糟，原来那些来自近亲繁殖所获得的优秀基因被分散掉了。

另外，还可以利用“部分异系”的代替方法。也就是引进 1/4 的外系（公犬或母犬之中有一方带有 1/2 外系），所繁殖出来的仔犬血统中有 3/4 为原系，只有 1/4 为异系。此种手段较为温和，可达到较为理想的效果。

可卡犬的选种

◆选择血统相配的种犬

任何作交配用的可卡犬必须无遗传方面的任何毛病，我们应细察其血统证明书，根查其祖宗三代。对照公母犬的血统渊源，看这两只犬是否能在优点方面得到加强；而在母犬的缺陷方面，公犬是否有稳定而良好的基因表现予以弥补。若母犬的缺陷公犬也同样存在，即使这只公犬在其他方面表现再优异，建议也不要让两犬相配，因为相配后其缺陷可能得到进一步强化。

我们不要盲目相信获奖犬只，不要认为获奖犬只的血统必然就好，有的获奖犬也可能潜伏不健全的遗传性基因。你应查看其以上几代的血缘，关键看其血缘与你的爱犬的血缘能否得到最佳的配合。这需要可卡犬繁育爱好者自己不断地摸索、探讨，从实际与失败中去获得经验。

◆可卡犬的选种秘诀

繁殖可卡犬，在选种的时候，应注意下列各点：

A 血统优良，但近亲繁殖不宜过密。

B 不宜配混有杂种血统的狗只。

C 必须到达性成熟年龄，应在 1 岁以上。

D 必须健壮，无任何寄生虫病。

E 必须查清楚血系，无任何遗传病与缺陷。

F 已注射各种防疫针和定期防虫。

G 符合犬种标准。

H 骨骼正常，牙齿正常；勿缺齿，勿反铮，切勿堕腰。

I 生殖器官发育正常，繁殖力强。

J 雌犬的发情周期要正常。

K 避免选过胖的种犬。体弱、适应能力差的勿选配。

L 情绪必须稳定，勿选有问题者。

M 最好壮龄配壮龄，勿选老龄母狗。

N 最好选有经验的雄犬。

发情

5～7个月为犬的一个发情周期，一年两次，一般在春秋两季。发情周期一般分为发情前期、发情期、发情后期、无发情期。

在发情时犬的行为、生理和心理都会发生许多变化，只要准确掌握它在发情时不同阶段的不同征候，我们就可以判断可卡犬是否发情，处于何种时期，何时可以交配。

行为变化 多数母犬在发情前期前2～3天，就表现不安，易兴奋，不服从命令，饮水量增加，食欲减少，频频排尿。

发情出血 发情出血是指母犬从发情前期开始阴户流出血样分泌物。这一期间的观察非常重要。发情前期的初期，阴户流出的分泌物为暗红色或茶褐色血样黏液，以后逐渐变红呈水样；从发情前期的后半期到发情期的前半期，分泌物呈浅红色；发情后期，阴道分泌物为血样黏液。发情出血量，发情前期的前3天量少，中期量多，后半期多停止出血。

阴唇肿胀 发情前期到发情期，阴唇及其周围组织迅速肿胀，触诊阴唇深部很硬。进入发情期后，整个阴唇变软，转为可交配状态。临近排卵时，阴唇肿胀程度最高，排卵后迅速消肿，之后阴唇又肿胀到接近排卵前的程度，以后逐渐消肿，恢复到正常状态。在排卵期的交配才是有效的交配。

阴道分泌物 分泌物为雌性动物生殖器官内壁脱落的细胞和蓄留于阴道内的分泌物，还包括子宫外口部的附着物和子宫颈管的黏液等。

交配

◆交配适期

可卡犬发情后，准备让其繁殖时要掌握适当的交配期。如果无法正确地掌握，是不易受孕的。要仔细观察以下各点，以找出适当的交配期。

A 出血的颜色由红色变为粉红色，渐渐变淡，黏液增多。

B 外阴部变得更为膨胀且隆起。

C 用手指轻轻刺激其外阴部的周围、腰、尾巴根部，出现极敏感的反应，尾巴会上翘，扭腰，横躺在那儿，称孕让尾。

D 当有公犬接近时，母犬会积极地扭腰，会做出允许的讯息。公犬也会闻母犬外阴部的味道，或舔或骑在它背上，做出交配的动作。

从母犬的出血日起开始计算，约第 10～14 天，平均是在第 12 天，出现以上现象时，就是交配的适当时期。

◆交配前的准备

在配种前 2～3 天，再对公母犬的健康情况进行一次全面检查，重点看公母犬有无传染病，尤其是皮肤病和寄生虫病。有条件时，配种前 2 天检查公犬的精液质量，如果精液太稀或精子活力弱或颜色不正，不能配种。配种前半天或 1 天，让公母犬接触一次，但要看住不要让它们配上，这样能刺激母犬排卵，可大大提高产仔率。配种前一顿，公母犬都不要喂得太饱，以免影响交配或公犬发生反射性呕吐。配种前半小时，让公母犬自由散步，充分排净粪尿。

妊娠

◆妊娠诊断

家庭早期妊娠诊断，通常采用触诊法。这是犬的妊娠诊断中最常用的方法。

受精卵于排卵后 20 天左右开始着床，这时的胚胎直径为 1 厘米左右，排列成小球串状。当妊娠 25～35 天时，着床部位的子宫因胚胎发育而膨隆起来。胚胎直径 2.5～4.0 厘米左右，这时，腹壁触知最明显。当妊娠 35～45 天时，因胎水增加，胚泡伸长，紧张度消失，子宫角成为直径均一的管状，与腹腔的肠管较难区分，因而此时触诊不易诊断。当妊娠 45～55 天时，子宫角和各胎儿迅速增大，这时触诊母犬后部比前部明显，但要注意与结肠内的粪便相区别。一般这时的子宫角显著膨大而伸长，子宫角的中部在肝脏后方折回，尖端位于子宫角基部的上方。妊娠 55 天至分娩期间，很容易触到各个胎儿。

触诊的具体方法：检查者应先抚摸犬给以安全感，使犬安静。取站立式，把犬的头部轻轻挟抱在检查者的腋下，左右手掌放在犬的前腹部乳房与后腹乳房间的腹侧，手指稍张开，两手轻轻边压腹部边朝下腹部滑，妊娠子宫可垂到下腹部，这时，轻轻柔和地用手指挤压，可感坚硬、隆起的受精卵着床部位，易区别于其他脏器。

◆怀孕犬的特殊照顾

如果我们的爱犬怀孕了，我们应该怎样进行特别照料呢？根据许多繁殖专家的经验，应注意以下八点：

A 宜轻抱轻放。

B 不宜剧烈运动，以慢慢散步作为运动较宜。

C 切勿让它跳高跳低，尤其是临产前 3 周内。

D 不可喷施过量的杀虱水。

E 犬舍保持通风，保暖，干燥。

F 临产之前 1 个月应驱蛔虫。为安全起见，所用驱虫药分量可请教兽医。

G 怀孕期的最后几天，狗儿可能便结，可试喂 1～3 茶匙(5～10 毫升)的石蜡油，视其体形大小而定。不可乱用其他泻药，严重便结时要请教兽医。

H 喂以较稀的饮食，营养要特别丰富；特别是临产前的 3 周，应比平时加多

对怀孕犬应小心照料

1/4～1/2 的分量；尤其要多些蛋白质和钙质，以鱼和肉类为主。狗儿食欲好的话，可多喂一些；但最好分餐喂，因为它的子宫增大，可供胃部膨胀的空间便相应减少。不要喂饲过量，以免积滞而弄巧成拙，脂肪性食物更不可太多。

生产

◆产前准备

在怀孕犬临产前大约两周，即应与家中其他犬只分隔开来。最好事先准备一个干净的大盒子或纸箱，放在温暖而避风的角落。最理想则用木箱。

盒子或箱子的大小，足够供母犬舒伸腿，还能容纳所有的幼犬为准。

盒子或箱子的三边应够高，以能挡风为原则。每边可高 25 厘米，但有一边必须割低一些，约 10 厘米已足够，目的是让雌犬易于踏入踏出。里面应铺些干净报纸，若弄污了也比较容易清理。

雌犬在临产前的 10 天内，应先习惯睡在盒子或箱子内。作为“育婴间”和“产房”内的气温应为 27℃左右，早晚温差不能过大，冬天应有保暖设施。

可卡犬毛较长，应在这时期替它剪去乳腺四周和阴户四周的长毛，以便利日后它生产与哺育幼犬。

事先准备好剪刀、注射器、胶手套、脸盆、毛巾、纱布、绷带、缝合针线及消毒用的 70%酒精和 3%碘酊及催产、止血等药物，还要备好温水。

◆产前征兆

犬的妊娠为 58～63 日间，故配种后我们可以依据第一次的交配日就可知道预定生产日，在预定生产日前后几天，都有可能是你爱犬的生产日。分娩前有一系列表现，要注意观察。

外阴部和骨盆发生变化　分娩前 3～5 天，外阴部逐渐柔软、肿胀、充血，阴唇皮肤变红，从阴道内流出黏液。这时骨盆变大，臀部坐骨结节处明显塌陷。分娩前3～10小时，子宫颈口张开。

行为变化 临产前的母犬食欲不振，不安、气喘，呼吸快，寻找隐蔽的分娩场所，有些母犬有筑窝行为，室内饲养的小型犬多表现为围着家人求助。多数犬从分娩前12小时开始，频繁出入预先确定的产室，而且入产室时间长，外出的次数逐渐减少。分娩前1小时(少数犬前2～3小时)，母犬用前肢扒垫草，抓产室的毛巾、抹布等，并用嘴咬断撕碎，发生低沉的呻吟或尖叫。多在这期间阴门露出胎胞。

体温变化 犬的正常体温为38.3℃，临分娩前的母犬体温明显下降到36.5～37.2℃。多数母犬的体温在第1个胎儿出生前9小时为36.4～37.2℃(最低体温)，比生理体温低1℃以上。因此，可根据妊娠末期明显的体温变化，来预测分娩的准确时间。

助产

◆助产的要领

要领一 在胎儿的头部或后肢通过骨盆腔后，胎头就会露出体外，此时若不能迅速陆续全部产出，则容易被夹在阴部造成窒息而死。此时饲主就必须给予帮助，用手或用纱布包裹住胎膜，配合着母犬用力时帮忙拉出。

要领二 顺利产出后，母犬如果没有咬破胎膜或者舔拭仔犬，则饲主要代为处理。先撕破胎膜，同时用干净的毛巾擦拭仔犬，或以温水洗净擦干，并拭净仔犬口鼻内的秽物，使之能顺畅地呼吸。并顺着仔犬的背部用适当的力气擦拭，从头颈部开始，直到仔犬发出啼声。

快分娩的狗狗要多加安慰

要领三 胎盘在分娩后会随即排出，如果不能顺畅排出，饲主可以握住露在体外的部分，慢慢将它拉出，但要小心不要拉断而让胎盘留于体内。

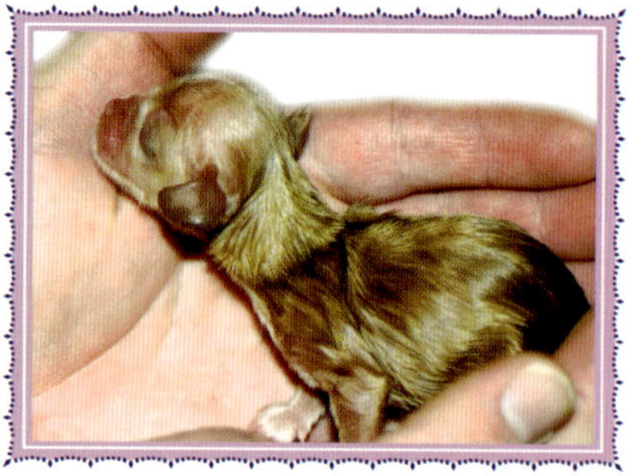

◆人工助产

产前活动 阵痛开始后，母犬因疼痛而多睡卧，懒于走动，若停滞时间过久，则会影响胎儿向产门蠕动行进，故宜牵出室外到附近走动。这样可以缓解母犬紧张的心情，并且适量活动可促使仔犬顺利导向产门。

催生方法 母犬坐产过久，仍不能产出，或坐产无力，仔犬难以通过产道，则可以催生。医院最常用的方法就是注射催生针。催生针的效果极佳，但使用不当时，却会引起严重的不良后果，如果母犬是因骨盘扩张缓慢，在未开至适当宽度前使用催生针，仔犬非但不能产出，母犬也会因为过分用力而将子宫撑破，那太危险了，因此催生针剂的使用应请教兽医。

人工接生 有些母犬首胎生产，无生产经验，既不会撕破胞膜，也不会咬断脐带，此时还是人工接生更可靠安全。首先见到胞衣慢慢自阴部露出，随着母犬使力向外生出，在露出未超过 1/2 前不宜勉强拖出，待超出一半后如滑出顺利也不需助力；如超出 1/2 后出生仍极慢，为节省母犬的体力及防止仔犬休克，可用纱布裹住仔犬，配合母犬向外努力时向外拉出。向外拉时，力度要适当，需注意勿用力过猛而伤了胎儿，尤其不可将胎衣及脐带拉断。仔犬出生后，首先自头部撕破胞衣，并速将仔犬口内黏液、羊水除净，使仔犬呼吸顺畅，然后用两手将胞衣连脐带握牢，慢慢将胎盘拉出，要小心不可拉断。胎盘出来后立即用消毒过的棉线，自仔犬肚脐 1 厘米处扎结，再予以剪断，断脐处需要碘酒消毒。断脐后，立即用干布将仔犬全身擦干（或以温水洗净后再擦干），并揉背部使仔犬叫出声，然后放入铺好垫布的笼内，并用电热毯或电灯

保温。处理妥当后，将母犬身上稍为拭净，再换生产用的报纸，然后将胞衣、胎盘等秽物收拾干净，如此即完成一只小狗的接生工作。

人工帮助呼吸 仔犬出生后，立即将胞衣撕破露出口鼻，仔犬便开始呼吸，但大多数仔犬都必须待口腔内黏液除净后才能正常呼吸发声。有些幼弱者虽然口腔已清除干净，但仍然不能呼吸，此时可见仔犬虚弱无力呈假死状，应即施以按摩，再用大拇指及食指两指轻按仔犬前肢腋下心脏处，并用毛巾从颈部至背部摩擦，且轻轻按摩心脏，通常数分钟后可见仔犬逐渐苏醒。

胎盘、胞衣的处置 母犬生产后所排出的胎盘、胞衣若母犬喜欢吃，可以少量给予。胎盘、胞衣可助母犬恢复体力，促使乳汁分泌，并可增强初乳中的免疫力。但如吞食过多，会引起母犬消化不良及下痢等症状，故不可多给。

生产完毕的确认 以手触摸母犬腹部，若两侧均柔软无硬块，且母犬已不再有待产的情况，即已生产完毕。

母犬清洁 母犬生产完毕后，下半身均为羊水污血所脏，故宜以温水将尾部周围洗净吹干，并以酒精棉及温开水将奶头附近擦净，稍事休息后再让母犬哺育小狗。

帮助仔犬吸乳 健康的仔犬在娩出后即会吸吮母乳，若不会吸乳时，可将其嘴巴打开让其含住乳头，即会开始吮乳。分娩后的数日内要特别注意看仔犬是否吸到足够的乳汁，如果仔犬有活力，体重平稳的增加，则其吸收的乳汁充足。吸入充足乳汁的初生仔犬第 1 天体重约增加 5 克，第 2 天每天增加 10～20 克。

BEST
OF BREED
SPECIALTY 1988

BEST OF
VARIETY
AMERICAN
SPANIEL
CLUB

BEST OF BREED
MANITOWOC CTY. K.C.
SEPT. 14, 1986
OLSON PHOTO

NEW CHAMPION
A MAJOR
BEST OF WINNERS
WINNERS DOG
Ft. Vancouver
Cocker Spaniel
SPECIALTY
WINTER © 2009

成都宝仔屋宠物美容学校